做人有温度，做事有态度

张艳玲◎编著

民主与建设出版社
·北京·

图书在版编目（CIP）数据

做人有温度，做事有态度 / 张艳玲编著. — 北京：民主与建设出版社，2018.1

ISBN 978-7-5139-1441-3

Ⅰ. ①做… Ⅱ. ①张… Ⅲ. ①人生哲学 – 通俗读物
Ⅳ. ①B821-49

中国版本图书馆CIP数据核字（2018）第003150号

做人有温度，做事有态度

ZUOREN YOU WENDU ZUOSHI YOU TAIDU

出 版 人：许久文
编　　著：张艳玲
责任编辑：王　颂　袁　蕊
出版发行：民主与建设出版社有限责任公司
电　　话：（010）59419778　59417747
社　　址：北京市海淀区西三环中路10号望海楼E座7层
邮　　编：100142
印　　刷：三河市天润建兴印务有限公司
版　　次：2018年4月第1版
印　　次：2018年4月第1次印刷
开　　本：710mm × 1000mm　1/16
印　　张：17
字　　数：130千字
书　　号：ISBN 978-7-5139-1441-3
定　　价：39.80元

前　言

PREFACE

也许有人会说，做人做事还不简单？确实，人生最容易的就是做人做事，而最难的也是做人做事。之所以说做人做事简单，是因为每个有生命的人都会做人也会做事，这是作为一个人的本能。这似乎十分简单，但是要懂得如何去做人、做事，怎么把人做好，把事做好，那就是一件相当难的事了。

做人、做事是一门学问。很多人之所以一辈子都碌碌无为，就败在了做人做事方法欠妥。实践经验告诉我们：要想造就成功的人生，就得牢牢地把握住两个原则：做人要稳，做事要准。社会环境复杂多变，要想成就一番事业，稳是做人的第一要诀，做人不稳就很难在一片社交场中有自己的立足之地，更妄谈成就什么人生伟业。

做人要稳，就是指做人要正直、宽容、善良、有责任心。不仅要心态稳，还要懂得沉稳做人。做事要准，是指既要有实干精神，又要懂得做事之道，能隐善忍，只有这样才能打造良好的人脉关系，为自己的事业做好铺垫。

简单一个“稳”字，饱含着深刻的内涵：做一个

前　言

PREFACE

正直的人，就得做个坚强豁达、堂堂正正、光明磊落的人；做一个宽容的人，就得拥有宽广的胸怀，乐观的心态，能够坦然面对一切困难。土地宽容了种子，才收获了果实；大海容纳百川，才变得浩瀚；人生宽容了困苦，才拥有了甜美。做一个善良的人，就是用真心去对待生命中每个人，用自己的实际行动去做一个高尚的人；而责任心是我们为人处世的基本要求，只有有责任心的人，才值得被信任，才能得到更多更广阔的空间。因此，做人要稳不仅是一种品德，更是一种崇高的境界，只有掌握了做人要稳的诀窍，才能在人生的路上，过关斩将，书写出自己独特人生的精彩。

做事要准，就是办事要干脆利落。所谓手起刀落，快刀斩乱麻，速度快而有条不紊，思路清晰而严密，没有任何多余的动作和语言，干脆利落地把事情办好。在千钧一发的关键时刻，少许的拖拉，就会造成严重后果，唯有干脆利落迅速处理，才能化险为夷。

俗话说得好：“当断不断，必受其乱！”尤其在紧急情况之下，就得当机立断，拿出魄力，冒必要的危险，才能够获得成功。如果这时还犹犹豫豫畏缩不前，

前言

PREFACE

后果就不堪设想了。

本书旨在告诉大家“做人要稳，做事要准”这两个为人处世的基本法则，通过做人要稳和做事要准两者的辩证关系，运用大量的事例和方法论述，详尽地阐述了做人做事的高超艺术和非常手段在人们现实生活中的运用。相信这本书将有助您解决生活中的棘手难题。

目　录

CONTENTS

第一章

幸福人生需要改变思维

第二章

游刃于纷繁职场

第四章

聪明人总是用心做事

第五章

学会说话，赢得好人缘

第六章

幸福的婚姻家庭需要用心经营

第一章
幸福人生需要改变思维

思路决定出路，思维改变人生。应对人生难题，如果不懂得变化，只会让发展停滞。而懂得变化的人，则能在竞争中占有绝对优势。曾有位文学家这样说过：“大多数人想改造这个世界，但却极少有人想改造自己。”

01 不要以自我为中心

对一件事情、一种观念、一句话的理解和感受，不同的人不尽相同，以自我为中心的人只顾自己的感受，毫无遮拦地把自己的感受、自己做过的事情说出来。其实你所认同的事情，别人不一定认同；你所经历的事别人也不一定经历；你所认为无所谓的事情，别人可能非常在意。

总有一些人喜欢以自我为中心，希望别人围着自己转。当听到有人责备他们只爱自己、不关心别人时，他们会大言不惭地告之：这是个性。一个人如果不先爱自己，何谈爱别人呢？这话听起来好像很有道理，事实上却不然。

成功者的经验告诉我们：要学会倾听别人的意见，这样不仅会使你的生活更加有意思，而且别人也会更喜欢你；不要老是纠正别人；常给陌生人一个微笑；不打断别人的讲话；不要让别人为你的不顺利负责；要接受事情不成功的事实；忘记事事都必须完美的想法；承认自己的不完美，等等。这样生活才会变得轻松得多。

华哲斯顿是世界著名的魔术师，以其高超的技艺被同行公认为魔术师中的魔术师。他是贫民出身，从未上过一天学，最初所认识的字都是从小靠从铁路旁的标牌上学到的。但他前后在世界各地表演40年，为6900万名观众演出过，事业的成功是其他同行所不能比拟的。当有人问他成功的秘诀时，他说："我会的魔术手法跟其他同行相比并没有什么特别，大家用的基本手段都是一样的。但有两样别人没有的东西帮助我成功：一是个性，一个演员如果没有个性，是很容易被观众遗忘的，所以，我尽全力在舞台上把自己的个性展示出来；二是我了解人类的天性，这是我成功的关键所在。现在大多数人都喜欢别人重视自己，对自己感兴趣。魔术的确能暂时欺骗观众的眼睛，这是它的乐趣所在，但作为一个魔术师不能把观众真的当成是傻子，只要略施小技就可以把人们骗得晕头转向。我从干这个职业以来，从来都没这么想过。在上台表演之前，我总对自己这么说：'能有这么多人来看我的表演是我的荣幸，是观众让我过上了一种我所喜欢的生活。没有人们的观看，魔术就失去了它存在的价值，我的生活也将索然无味，我很感激大家的到来。我要用最大的热情和最高明的手法来满足人们的期望。'”这就是深受观众欢迎的魔术师的成功秘诀，简单却深刻。

当许多人抱怨生活对他如何不公平时；当自己虽与某人处于相同的起点，但别人却最终取得成功时；当我们拥有一技之长却不屑服务于他人时，我们的眼中是否只有自己，看不到别人带给我们的友善？

事事以自我为中心的人，也许在你自己无意的言语之中，却给别人带来伤害，也可能会产生敌对情绪、暴露自己的隐私，还可能给别人留下自己的把柄，同样也为自己在无形中得罪了人，而树立了敌人，给自己带来了潜在的伤害。

那么，这些人如何才能逐渐克服这种自我中心意识呢？其关键在于改变自己的认识。

首先，要正视社会现实。社会上的每个人都有其各自的欲望与需求，也都有其权利与义务，这就难免会出现矛盾，不可能人人如愿。这就要求人人正视客观现实，学会礼尚往来，在必要时做出点儿让步。当然应该承认自我的权利与欲望需要得到满足，但也不能只顾自己，忽视他人的存在。

其次，从自我的圈子中跳出来，多设身处地地替其他人想想。以求理解他人，并学会尊重、关心、帮助他人，这样才能获得别人的回报，从中也可体验人生的价值与幸福。

最后，加强自我修养，充分认识到自我中心意识的不现实性与不合理性及危害性。学会控制自我的欲望与言行。把自我利益的满足置身于合情合理、不损害他人的基础之上。

心理学家认为：短时间的陶醉自我是无所谓的，也是无害的。使人受到压力是长时间的应激反应。这种长时间的应激反应，不但会影响你的身体健康，也势必会影响到你的心态，最终使你成为一个暴躁易怒的人。如果你不愿意出现这样的结果，那么就让我们时常忘了自己、重视他人吧！因为在许多时候，你最终的成功不可能没有别人的帮助。

02 做平凡而真实的自己

生活就好像一个剧本，现实中的每个人都是剧本里塑造的角色。有些人表现的自然，因为他们是用心去演，在人生的大舞台上将自己真实的一面表现出来，所以他们演得感人，也因此而成功！也有些人在不同的时间地点对不同的人有着不一样的表现，因为他们将自己的角色完全戏剧化了，因此在人生的这场戏中他们没有演出真实的自己，而是选择把真实的面孔藏在艺术的背后，其实他们演得很辛苦、很累，最后可能一事无成。

一天深夜，心理学家的电话铃突然响起，教授拿起电话，电话那边传来一位男士的声音，那声音气喘吁吁，急不可待："老师，您一定告诉我应该怎么办……"原来，这位男士和教授住在同一幢楼。当晚，他发现儿子仿照他的笔迹在试卷上签名，因为那张试卷的分数不及格。他怒不可遏，拿起碗就朝儿子摔去，妻子本来也生儿子的气，见他失常打儿子，又同他争吵起来，儿子负气深夜离家出走了。他担心儿子出事，更担心15年的婚姻出现伤痕，惶惑极了。

“打儿子我也心疼啊！这么晚了我也担心他，可是‘严是爱，松是害’啊！我这辈子就是太平庸，太没有出息了，在人前老也抬不起头。不能让儿子以后也走上我这条路，那时后悔就晚了啊！”这位父亲在电话那头唉声叹气，原来症结在这儿！

这位父亲的经历和大部分同龄人相似。他与他爱人都没有上过名牌大学，从事的职业也不是热门。由于他属于老实巴交、沉默寡言、小心谨慎的那种人，同时也没有什么突出的才能与技术，公司减员时，因他多年勤勤恳恳地工作，小心翼翼地做人，出于照顾，没有让他下岗，这点照顾，他不知道应该高兴还是羞愧。他也有过“下海”的念头，可考虑到自己不善交际、缺乏手腕，最终还是放弃了这个想法。当他看着以前的同事、朋友，升官的升官，赚钱的赚钱，买楼买车，又为自己不能送儿子去贵族学校念书而羞愧，也为不能带爱人出入各类高档的商场而有愧于心。他的这种心理状态随着年龄的增长而日益增强。

所以，他将自己想获得高学历、高职位、出人头地的人生理想，全都倾注到了儿子身上。无论如何他也不能接受儿子将来也成为一个“平庸的人”！

“做个平庸的人很痛苦吗？”教授问道。“那当然，像我这样窝窝囊囊地过一辈子，跟没过一样！”教授没有再说什么，只提出一个要求，让他好好想想，把他认为对自己满意的一些小事写出来，明日带来给他便挂了电话。

第二天夜里，他按约定的时间来了，从上衣口袋里掏出折得整整齐齐的几页纸，递到教授手里，只见上面写道：

我庆幸我做过这样的事情：

在家里经济最紧张的几年里，我早出晚归、不辞劳苦地工作，将细粮换成粗粮，省下钱和粮票，帮助父母把两个弟弟和一个妹妹拉扯大，让他们有机会读书，现在他们都有了一个好的归宿。

在农村做了两年民办代课教师，直到今天，那些我曾经教过的学生，现在都已经儿女成双了，他们从乡村进城来，碰到我时仍会叫我一声“老师”。有些学生现在过年过节还来看我。

娶了一个温柔贤惠的妻子，她跟我同甘共苦将近20年，对我的平庸毫无怨言。

儿子很懂事，从不向我们要这要那，其实他学习也一直很努力。

公司让我保管仓库钥匙，我从来没有出过差错，保管的货物在我心中都有一本明账，随要随取，从未让人久等。

有几个知心朋友，彼此从不互相瞧不起，他们常来家里坐。

父母身体仍然健康，他们一直都很爱我。

……

所有的内容之间毫无体系可言，可见，他是有所感而写的，都是些琐碎的事。

教授问他目前心情是否有些变化，他回答说似乎好一些。写着写着，觉着有些道理了，似乎看到了这些小事的另一面。教授笑着回答说："答案已经由你自己找到了。"

教授告诉他最近有家信息公司做社会调查，发现85%的女性已倾向于接受平凡而实在的丈夫，想找个万人迷式的或身怀绝技的丈夫简直寥寥无几。这个调查是由一篇笑话引出来的，因为有不少女性在网上发表文章，认为猪八戒比孙悟空更适合做个老公，这反映了姑娘们眼光的一种变化，一种从绚丽归于平凡的现实需求。现代社会，早过了骑士年代，人们更渴望一种自然人性的回归。像这位自愧平庸的父亲，多年来他忽略的自身价值对许多人来讲，是多么不可或缺的啊！他曾经教书育人，俗话说，"十年树木，百年树人"，他的功劳不可忽视，他的学生感激他；他曾经帮助家庭渡过难关，扶助弟妹成长，他的父母弟妹爱他会比爱一个有钱而没人情味的人多上几百倍；他一直以来忠诚、真挚地对待妻儿，难道这不是他能给予他们最好的礼物吗？

教授劝他将人生价值的目标从高不可攀的尺度上，降到一个更合乎自身实际的位置，尤其是对儿子的期望，不必定得那么高，人世间哪能有不许回落、不许起伏、只许成功不能失败的道理呢？何况考试成绩有太多的主观因素，最好给孩子更多的鼓励，要想让他成为家长希望的人，就照所希望的样子去表扬他，这一点每个人都应该记住！希望自己更有钱，渴望得到更高层次人的尊敬，想把生活品质提高到更高一个档次，并没有错，但如果物质上达到小康，精神上健康快乐，即使算不得“成功人士”，当不成“资本家”，只做社会上平凡的一分子，又有什么可痛苦的呢？上班恪尽职守，下班后有一个温馨的小家，钱不多而够用，社会知名度为零却有爱自己的亲人和可以谈心的几个好友，也是一种幸福呀！所以，不必为不能送儿子进贵族学校、不能送妻子珍珠翡翠而愧疚，因为生活不光光由这些组成。儿子一次优异的成绩、妻子一个舒心的微笑、朋友一次意外的拜访，这些不都是幸福的时刻吗？

做回真正的自己，不要去想别人的眼光，把自己领进自己的世界，只要问自己怎样做才对，即便是结果不尽如人意你也不必气馁，毕竟你走出了世俗的眼光，但是还要找一找失败的原因，比如是不是不够努力？还是准备不充分？一位教育家曾经说过：“没有比那些不肯承认自己的人更痛苦的了。”

人生是多种多样的，不能只用“伟大”和“平庸”两个词来形容。在专业化日益被提倡的今天，社会分工越来越细，人的才能的分化也越来越明显，也许在某一领域的专家，在许多的领域往往是一窍不通。所以，平凡人士并不是在生活空间的每一部分都显得平淡无华。正因如此，没有发现自己潜能的“平凡人士”只要发现自己“不平凡”的潜能就能生活得很快乐，甚至比没有好心态的所谓

“成功人士”更快乐。

威廉·詹姆斯说：“一般人只发展了10%的潜在能力。跟我们应该做到的相比，等于只醒了一半。对身心两方面的能力，我们也只用了很小的部分。事实上，一个人只等于活在他极有限的空间的一小部分，他具有各式各样的能力，却很少懂得怎么去利用。”

所以，我们应该成为主宰自己生命的人，自导自演人生这部大戏，千万不要因他人的论断而束缚了自己前进的步伐。请追随你的热情，追随你的心灵，唱出自己的心声，世界会因你而精彩。

03 控制好自己的情绪

情绪是一种自然的心理反应，但并不是每一种情绪都有益。很多人认为，让自己的情绪不加控制的表现，是性格率直，认为这样的人没有城府，交往起来更让人放心，这是错误的认识。

在美国加州有一个小女孩，她的父亲买了一辆大卡车。她父亲非常喜欢那台卡车，总是为那台车做精心的保养，以保持卡车的美观。

一天，小女孩拿着硬物在她父亲的卡车上留下了很多的刮痕。她父亲盛怒之下用铁丝把小女孩的手绑起来，然后吊着小女孩的手，让她在车库前罚站。四个小时后，当父亲平静下来回到车库时，他看到女儿的手已经被铁丝绑得血液不通了。父亲把她送到急诊室时，手已经坏死，医生说不截去手的话是非常危险的，甚至可能会危及到小女孩的生命。小女孩就这样失去了她的一双手！但是她不懂，她不懂到底发生了什么。

父亲的愧疚可想而知。

大约半年后，小女孩父亲的卡车进厂重新烤漆，又像全新的一样了。当他把卡车开回家，小女孩看着完好如新的卡车，天真地说：“爸爸，你的卡车好漂亮哟，看起来就像是新卡车。但是，你什么时候才把我的手还给我？”

不堪愧疚折磨的父亲终于崩溃，最后举枪自杀。

一场悲剧，只是因为父亲没能控制住自己的一次情绪。

当然，每个人都有情绪不好的时候，人也不可能永远做老好人，该发的火还是要发。比如，你在午休，可是一群小孩在你窗外的胡同里大喊大叫地踢球，你理会不理会？这不是以大欺小，这是正当的行为。虽然他们还很小，但他们的行为妨碍了别人的正当权益。在这种情况下，忍住不发脾气等于是在纵容别人做不该做的事。

在生活中，我们感觉周围的事物，形成我们的观念，做出我们的评价，以及相应的判断、决策等，无一不是通过我们的心理世界来进行的。只要是经由主观的心理世界来认识和体察事物，就不可避免地使我们对事物的认识和判断产生偏差，受到非理性因素的干扰和影响。

波格9岁时，就展示出了过人的运动天赋，他在网球方面的天赋很高，他的父亲绝对能将他训练成一名职业网球运动员。到了12岁，他常常击败全国的优秀成年球手，能与世界级职业网球手进行激烈的比赛。每个人都预言，总有一天，他会成为世界冠军。

但是波格是一个脾气火暴、冲动任性的人。他渴望赢得比赛的每一分，但如果事情不尽如人意，比如一次不应该的失误，或裁判判断出错，他就会勃然大怒，他会满嘴脏话，与裁判争吵，扔掉球拍。他不止一次用球拍猛击网柱，直到球拍碎裂。他无法控制自己激动的情绪，有时甚至还未开赛就抱怨不休，因此他开始输掉原本可以取胜的比赛。

一天，他父亲来观看他的比赛。比赛刚开始，波格又开始发脾气了，大吼大叫、咒骂、扔球拍、冲观众吐口水。目睹到这些可憎的行为，波格的父亲忍无可忍。在比赛间隙，他父亲突然走进球场，向观众宣布："比赛到此为止。我儿子弃权。"说完来到儿子面前，夺过球拍，严厉地说："跟我走。"回到家后，父亲把波格的球拍锁进储藏室，语气坚定地对他说道：“球拍要在储藏室存放6个月。在这6个月中你必须学会怎样控制你的情绪，你才能重拾球拍。”

波格惊呆了，要等6个月才能碰球拍，这对他来说无疑是一种煎熬。他开始向父亲大吼大叫，但是父亲没有理会他。刚开始的一段时间，波格仍然是每天发火，但是他发现发脾气也没有用，父亲仍然不将球拍还给他。慢慢地他感觉到了发脾气很累，而且根本无济于事。所以他发脾气的次数也越来越少，而且他渐渐认识到自己的错误，逐渐改掉了乱发脾气的习惯。

6个月到了，父亲从储藏室拿出球拍，递给儿子：“今后，如果我听到你说一句咒骂的话，再看到你怒摔球拍，我就把它永远拿走。要么你控制情绪，要么我为你控制球拍。”

能再打球，波格欣喜若狂，他倾注了比从前更多的热情。随着一次又一次的重大比赛，波格的表现越来越好。媒体开始称之为“少年天使”，因为他是如此纯真，在赛场上，他的举止就像一个天使；要知道，在他的父亲禁止他打球的日子里，他学会了控制情绪，哪怕在重大锦标赛的决赛中，裁判糟糕地误判边线球，他也处之泰然；他非常善于控制情绪，连对手们都被他赛场上的风度震慑了。

从此，波格登上了一个网球运动员渴望达到的事业巅峰。他总共夺得了14个锦标赛冠军，其中包括6次法国网球公开赛冠军，5次温布尔登网球公开赛冠军。

有一个孩子无法控制自己的情绪，常常无缘无故地发脾气。一天，父亲给了他一大包钉子，让他每发一次脾气都用铁锤在他家后院的栅栏上钉一颗钉子。

第一天，小男孩共在栅栏上钉了12颗钉子。过了几个星期，小男孩渐渐学会了控制自己的愤怒，在栅栏上钉钉子的数目开始逐渐减少了。他发现控制自己的脾气比往栅栏上钉钉子要容易多了……最后，小男孩变得不爱发脾气了。

他把自己的转变告诉了父亲。他父亲又建议他说："如果你能坚持一整天不发脾气，就从栅栏上拔下一颗钉子。"经过一段时间，小男孩终于把栅栏上所有的钉子都拔掉了。

父亲拉着他的手来到栅栏边，对小男孩说："儿子，你做得很好。但是，你看一看那些钉子在栅栏上留下的那么多小孔，栅栏再也不会是原来的样子了。当你向别人发过脾气之后，你的言语就像这些钉孔一样，会在人们的心灵中留下疤痕。你这样做就好比用刀子刺向了某人的身体，然后再拔出来。无论你说多少次'对不起'，那伤口都会永远存在。其实，口头上对人们造成的伤害与伤害人们的肉体没什么两样。"

我们对人所造成的伤害，再多的弥补往往也无济于事。所以在生气的时候，不管怎样总要留下退步的余地，以免做出无法挽回的事。

总之，管理好自己心里的怒气，控制好自己的情绪，你就可以从容自如地面对生活中的很多不平事，成为强者，正如圣经上所说："不轻易发怒的，胜过勇士；治服己心的，强如取城！"

04 谦逊的人最高贵

泰戈尔说：“当我们大为谦卑的时候，便是我们近于伟大的时候。”做人要保持谦逊，不能自作聪明，不要总以为自己比别人多一点智慧。巴甫洛夫说：“决不要骄傲。因为一骄傲，你们就会在应该同意的场合固执起来；因为一骄傲，你们就会拒绝别人的忠告和友谊的帮助；因为一骄傲，你们就会丧失客观的准绳。”

一个人要保持谦虚的姿态，善于学习他人的长处，以积累更多的经验，进而发展自己的才能，拥有更高的权威。反之，如果一个人自以为是、骄傲自大、目空一切，只能阻碍自己的发展，最终一事无成。

比尔·盖茨和他的团队带领微软公司创造了IT业界一个又一个神话。作为微软第一任华裔副总裁的李开复，除了景仰比尔·盖茨的商业成就之外，最景仰的是他谦逊的性格。

他举了这样一个例子："我有一个朋友在微软专门帮助比尔·盖茨准备讲稿。这个朋友告诉我，每次演讲前，比尔都会自己仔细批注并认真地准备和练习。到台上讲的时候都会讲得很好。而且，比尔每次演讲完，都会下来和我的朋友交流，问他'我今天哪里讲得好，哪里讲得不好？'他并不是问问就算了，还会拿个本子记下来自己哪里做错了。当一个人能够在事业上做得如此成功，却还能这么敬业，这么谦虚，这么愿意学习，是非常难得的，因为很多人成功了就会变得很自大。我觉得比尔·盖茨是一个了不起的人。"

小肚鸡肠的人，当然器量狭小。进化论的创始人达尔文是一个十分谦虚的科学家。达尔文与别人谈话时，总是耐心地听别人说话，无论对年长的或年轻的科学家，他都表现得很谦虚，好像别人都是他的教师，而他是个好学的学生。1877年，当他收到德国和荷兰一些科学家送给他的生日贺词时，他在感谢信中写了一段感人肺腑的话："我很清楚，要是没有为数众多的可敬的观察家们辛勤搜集到的丰富材料，我的著作就根本不可能完成，即使写成了也不会在人们心中留下任何印象，所以我认为荣誉主要应归于他们。"

东汉颍州父城(现河南叶县东北)人冯异，字公孙，熟读《左传》《孙子兵法》，文武双全。最初在王莽手下为小官，后见王莽为害人民，被人民所怨恨，了解到起义军领袖刘秀有治国安家的才干，便对苗萌说："现在起义诸将，虽皆英雄，但多独断，不爱人民。只有刘将军不抢掠人民，举止言谈，温和有远见，不是庸人，可以追随。"于是苗萌和冯异投靠了刘秀，又吸引了勇将姚期等人来，刘秀势力大振。他向刘秀建议说：“天下人都反对王莽苛政，刘玄部队又纪律太坏，失信于民。此时人民疾苦，若稍施恩德，百姓必热烈拥护。”刘秀听了他的话，派冯异、姚期到邯郸安民，果然得到了广大人民的支持。王郎领兵追赶刘秀，刘秀及部下退到饶阳天蒌亭(河北饶阳东北)，

正遇天气寒冷，士兵又饥饿疲劳，冯异送来豆粥，解除了困难。在南宫(河北南宫)又遇大风雨，刘秀躲到路旁空屋，冯异抱来柴，邓禹烧火，刘秀方能烤干衣服，冯异又送来饭、菜，终于安全移兵到信都(河北邢台)。刘秀派冯异收集散兵，重整队伍，大破王郎。

冯异对东汉统一建国之功是巨大的，但他从不居功自傲。对人也特别谦让，每当同其他大将的车仗在路上相遇，他必告诉车夫退让躲道，让别人先过。他领部队交战时，在各营之前；退兵时，在

各营之后。当休战时，诸将坐在一起，都宣扬自己的功劳，以便争功多得升赏。当各位将领争功时，冯异则躲在大树下，一言不发，似为乘凉休息，实为躲避让功，后来军中称他为“大树将军”。不仅刘秀对他格外器重，他的军队，亦多愿在他麾下效力。

孔子说：“三人行，必有我师焉。择其善者而从之，其不善者而改之。”意思是在众人之中一定有值得我们学习的东西，因而要虚心学习别人的长处，把别人的缺点当镜子，对照自己，有则改之，无则加勉。所以，敏而好学，不耻下问，虚怀若谷，应该成为每一个人的重要修养。

社会上真正成功的人，往往都懂得谦虚待人，他们真正理解世事艰难、行为处事的重要。凡唯我独尊、目空一切、夸夸其谈、不可一世的人，定是阅历太浅、磨难太少之人。有时我们总会发现一个不起眼的人在不经意间成就了他的不平凡，他不会说我有多么的厉害，只是默默地努力着，等待着时机，而后厚积薄发让人措手不及地看到其成就。

谦虚的学习、谦虚的为人处世、谦虚的面对我们身边的所有的人，永远要记得：你不会是最强的，你的身边肯定还有比你强的人。

05 不断充实自己

人生如逆水行舟，不进则退。因为社会是不断发展的，你不进步，别人就会超越你，你自然就落后了。人活着就要不断充实自己，从长远的角度规划自己的人生，这样，我们才不会有太多的遗憾。

齐瓦勃出生在美国乡村，只在学校里受过很短时间的教育，十几岁的时候便来到钢铁大王卡内耐基所属的一个建筑工地打工。一踏进工地，齐瓦勃就决心做一名最优秀的员工。当别人在抱怨工作辛苦、薪水低的时候，他却在默默地自学建筑知识，积累工作经验。

一天晚上，公司经理到工地检查工作，发现别人都在闲聊，唯独齐瓦勃躲在角落里看书。经理看了看他的书，又翻了翻他的笔记本，什么也没说就走了。

第二天，经理把他叫到办公室问道："你学那些东西干什么？”齐瓦勃说：“我想我们公司并不缺少打工者，缺少的是既有经验又有专业知识的技术人员或管理者，对吗？”经理欣慰地点了点头。不久，齐瓦勃就被升为技师。

齐瓦勃总对自己说：“我是为自己的梦想打工，为自己远大的前途打工，我只能在业绩中提升自己。我要使我自己工作所产生的价值远远超过所得的薪水，只有这样我才能得到重用，才能获得机遇。”抱着这样的信念，齐瓦勃升到了总工程师的职位。25岁那年，他又成为这家公司的总经理。

是什么让齐瓦勃从一名普通的打工者成为企业的高级管理者呢？显然是不间断的学习。通过学习他才最终脱颖而出。

现代的职场竞争日趋激烈，人们只有不断地充实自己，才会拥有继续前进的动力，并一步步走向成功。员工一旦固步自封，就会一点点地丧失职场生存的能力，面临的只能是更大的压力和被取代的命运。

南朝人江淹，自幼勤奋好学，每天从早到晚都在父亲的书房里读书吟诗，只有饭后才和小伙伴玩一会儿。因此，年长后写出了很多精彩的诗文，一时间闻名遐迩，尤其是《恨赋》《别赋》二篇，更为历代所传诵。当时文坛尊称他为“江郎”。

江淹后因才学超群而进宫做了官。经常一边饮酒一边挥笔疾书，几盅酒完，几十篇文章拟就，其豪情才气深得上方赏识和喜爱，曾官至“金紫光禄大夫”。但是，他随着官位日高，声名日盛，而自满自足，致使青年时期的文思和才华大大减退了，人们惋惜道：“江郎才尽。”

惋惜之情、警醒之意，也只有借江淹自己的《别赋》里的名句才能表达：“值秋雁兮飞日，当白露兮下时。怨复怨兮远山曲，去复去兮长河循……令人意夺神骇，心折骨惊……黯然销魂者，惟别而已矣。”

中国有一句古话，叫“实践出真知”。意思是说只有经过实践的检验，知识才能成为真正的知识，成为你的能力。这方面的例子比比皆是。比如战国时代秦赵决战。赵国先由老将廉颇领军，秦将白起不能取胜，遂用反间计，散布“秦军不怕廉颇，只怕赵括”的言语，使赵国君主上当，改由赵括指挥军队。而这赵括熟读兵书，纸上谈兵头头是道，掌握了不少理论知识，但是他的致命的弱点，就是实战经验不足。结果，赵军在他的统率下轻率出战，遭到大败，40多万士卒被白起一举坑杀，赵国从此一蹶不振。

学习还需要坚持和刻苦，如果只有三分钟热度，贪图安逸，则永远也无法学到真正的本领。在学习过程中，要善于思考，只有不断发现问题和解决问题才能不断进步。

发现地心引力的伟大科学家——牛顿，小时候仿造当时的水车动力推磨机，制作了一个相同的小小模型，在家中自行测试之后，发现他的模型也能够借着流水的动力，顺利地将小麦磨成细粉。

小牛顿心中高兴无比，第二天就将他的水车推磨机带到学校去，向同学们炫耀。水车转动得十分顺畅，引来许多同学艳羡的目光。

正当小牛顿沉醉在自己的成就当中时，突然有一个高年级的学生问他："可不可以请你解释一下，为什么这个水车能够将麦子磨成细粉？它是基于什么样的原理来设计的？"

小牛顿一时之间被问得哑口无言，他只知道制作模型，却从未想过其中的道理。这时，那个高年级的学生不屑地道："说不出它的原理，足以证明，你只不过是一个手指头灵巧的笨蛋罢了！"

从此以后，不管牛顿遇上什么事，都会在心中先问问自己："为什么？"当苹果落在他头上时，牛顿才会思考，它为什么不往上掉，而偏要往地面掉？

于是有了"万有引力定律"。

21 世纪是知识爆炸的时代，知识更替加速，职工更替频繁，社会变化急剧，任何人都不可能一劳永逸地拥有足够的知识，而需要不断充实自己。学习是人类生存和发展的重要手段，不断充实自己是自身发展和适应职业的必由之路。

06 充分展示个人魅力

蝴蝶争破硬茧，历经千辛，换来精彩辉煌的生命，虽然短暂，但它给了自己一个机会，在痛苦中坚强，在磨难中挣脱，在短暂中升华，在美丽中寻找奇迹。

大千世界，芸芸众生，各有千秋，各具精彩，挣脱束缚，绽放精彩，你才会进步更快。也许你很优秀，但你把它掩埋在内心深处；也许你有一技之长，但你深藏不露；也许你热爱读书，但你从不把书中的知识说出口，这样别人就无法认识你、了解你，无法看到你所迸发的魅力，不展示等于埋没，既然你有个性、有特点，为什么不放松自己，把它展示出来呢？

常言道："勇猛的老鹰，通常都把它们尖利的爪子露在外面。"这其实是让人们去积极地表现自我。巧妙地推荐自己，是每一个人加快自我实现不可忽视的手段。一位管理者说："如果你具有优异的才能，而没有把它表现在外，这就如同把货物藏于仓库的商人，顾客不知道你的货色，如何叫他掏腰包？积极的方法是自我推销，这样才能吸引他们的注意，从而判断你的能力。”一般人大都喜欢表现自己，但是如果表现不好，就容易给人一种夸夸其谈、轻浮浅薄的印象。因此，最大限度地表现你的美德的最好办法，是你的行动而不是你的自夸。所谓“桃李不言，下自成蹊”，就是这个意思。

每个人都有自己天生的优势，若强求一个人去做与他自身所长相悖的事情，那结果必然是糟糕的。想要成功，就需要充分识别、培养和发挥个人的独特优势，充分展示出自己的个人魅力，只有这样，才能让自己的人生之路更加精彩。

一个穷困潦倒的青年，流浪到巴黎，期望父亲的朋友能帮助自己找一份谋生的差事。“数学精通吗？”父亲的朋友问他。青年羞涩地摇头。“历史、地理怎样？”青年窘迫地垂下头。“会计怎样？”父亲的朋友接连的发问，青年只能摇头告诉对方——自己似乎一无所长，丝毫的优点都找不到。“那你先把自己的住址写下来吧，我总得帮你找一份事做。”青年羞愧地写下自己的住址，急忙转身要走，却被父亲的朋友一把拉住：“年轻人，你的名字写得很漂亮啊，你不该只满足找一份糊口的工作。”把名字写好也算是一个优点？青年从对方的眼中得到了肯定的答案。数年后，青年果然写出了享誉世界的经典作品。他就是家喻户晓的法国19世纪著名作家大仲马。

爱默生曾说过：“什么是野草？就是一种还没有被发现其价值

的植物。”其实，我们每个人都有自己天生的优势或劣势。不管人生规划如何，都是为了寻求成功，使自己的人生更有价值。我们也都知道做自己喜欢的擅长的事，因为这样会更容易些。人生要取得更大的成就，就应该在自己更容易做好的领域科学地规划。因此，成功的人生规划就在于最大限度地发挥自己的优势。

爱因斯坦在念小学和中学时，功课都是平平常常。教他希腊文和拉丁文的老师很厌恶他，还曾公开骂他：“爱因斯坦，你长大后肯定不会成器。”因为怕他在课堂上会影响其他学生，居然还想把他赶出校门。但爱因斯坦在数学、几何和物理方面有着浓厚的兴趣，正是凭着在这几方面的优势，爱因斯坦最终成为伟大的物理学家。比尔·盖茨还没有读完大学就被迫退学，但他凭着自己在计算机上的优势和天分成为了世界首富。“新概念”作文大赛冠军得主韩寒在高中时，数学常常“挂红灯”，但他凭着自己的文学天分，发挥自己的优势，成为一位很有影响力的青年作家。那些成功者之所以能够成功，都是因为他们抓住并最大限度地发挥了自己的优势。

由此可见，我们在规划自己的人生时，首先要找到能够最大限度地发挥自己才能的突破口。只有善于经营自己的长处的人，才能使自己的人生价值增值。相反，那些总是怨天尤人、自暴自弃，或是经营自己短处的人，只会使自己的人生价值贬值。那么，如何寻找自己的长处呢？其实很简单，在生活中或许你看到别人做某事时，心中会有种痒痒的召唤感，也希望做这件事，当你去做这件事时，感觉如行云流水，轻松愉快，甚至有些事是无师自通，而且还做得有声有色。这就是你的天分、你的优势。

每个人都应该对自己的人生追求有明确的定位。如果我们能够准确地发现并发挥自身的优势，经营自己的长处，用积极向上的心态规划人生，就一定会把理想的船只划向成功的彼岸，我们的人生也一定会是一幅灿烂的画卷。

要获得成功，就必须充分发挥自己的优势，走出自己的路来。老是跟在别人屁股后边学，充其量只会落下“模仿者”之名。如果仔细观察，我们不难发现，那些成功者都是充满自信和个性的，没有自信与个性，成功就会与你无缘。跟着别人跑，跟着别人学，或许会获得一点成功，却不能取得更大的成功。所以，要根据自己的个性，充满自信地去设计一条属于自己的成功道路，只有这样，才能真正成为成功者。

不能否认，生活中我们的一些行动会得到他人或褒或贬的评论。在这时，我们既定的计划是否能够不被干扰，仍然坚持朝自己既定的方向走下去，应该成为值得每个人思考和重视的问题。

实际上，有很多成功的机会，都是断送在由于自己不自信而产生的意志不坚定上。要知道，他人的评论并不都是客观公正的。我们千万不能失去自信，迷失了自己的主见，应该知道什么是对的，什么是错的，不要轻易被别人的观点所左右。

索尼亚·斯米茨是美国著名的女演员，她的童年是在加拿大渥太华郊外的一个奶牛场里度过的。她当时在农场附近的一所小学里读书。

一天，她回家后委屈地哭了，父亲问她为什么哭。她断断续续地说：“班里一个女生说我长得很丑，还说我跑步的姿势难看。”

父亲听完之后，只是笑笑。突然他说："我能摸得着咱家天花板。"正在哭泣的索尼亚听了父亲的话后，觉得很奇怪，不知道父亲想说什么，就反问："你说什么？"

父亲又重复了一遍："我能摸得着咱家的天花板。"索尼亚此时已经忘记了哭泣，抬头看看天花板。她怎么也不相信，父亲能摸得到将近4米高的天花板。父亲见状笑笑，得意地说："不信吧？那你也别信那女孩的话，因为有些人说的并不是事实！"

索尼亚听了父亲的话，顿时醒悟，不要太在意别人说什么，要自己拿主意！

在二十四五岁的时候，索尼亚已是个颇有名气的演员了。有一天，她去参加一个集会，会场的气氛稍有些冷淡。经纪人的意思是，索尼亚刚出名，应该把时间花在一些大型的活动上，以增加自身的名气。而索尼亚坚持要参加这个集会，因为她曾在报刊上承诺过要来参加，"我一定要兑现诺言"。结果，那次在雨中的集会，由于有了索尼亚的参加，广场上的人也越聚越多，她的名气与人气也因此倍增。

后来，她自己又拿定主意，离开加拿大到美国演戏，从而闻名全球。

每个人都有自己独特的潜能，我们每个人都是与众不同的，要坚信不是我们某些方面不如别人，只是我们和别人的长处不一样罢了，要相信自己在这个世界上是独一无二的。正所谓，世界上没有两片完全相同的树叶，何况人呢？

有成功潜质的人，能够把别人的评价放在一旁，拒绝接受任何人试图强加于他头上的道德限制。他们不会因为其他的扰乱因素而改变自己的行动计划，也从不怀疑自己的能力和价值。对待别人的讥讽、嘲笑、辱骂，以及任何其他涉及自己尊严和脸面方面的问题皆不在意，一心一意地朝着自己心里想的去做，所以他们往往更容易步入成功人士的行列。

有一句很经典的话："垃圾是放错了位置的宝贝。"可见找到正确位置的重要。对于鸟儿来说，天空是它的位置；对于骏马来说，原野是它的位置；对于猛兽来说，山林是它们的位置；对于鱼儿来说，清溪是它们的位置。同样，我们每个人也有各自的位置。

一个人应该知道自己希望做什么，应该做什么，必须做什么。要知道自己的界限，知道什么该坚持，知道什么该放弃，知道怎样更合适自己的特点。

当杰拉德斯·图夫特还是一个8岁的小男孩时，一位老师问他："你长大之后想成为怎样的人？"他回答："我想成为一个无所不知的人，想探索自然界所有的奥秘。”图夫特的父亲是一位工程师，因此想让他也成为一名工程师，但是他没有听从。“因为我的父亲关注的事情是别人已经发明的东西，我很想有自己的发现，创作出自己的发明。我想了解这个世界运作的道理。”正是有着这样的渴求，当其他孩子正在玩耍或者在电视机前荒废时光的时候，小小的图夫特就在灯前彻夜读书了。“我对于一知半解从来不满足，我想知道事物的所有真相。”他很认真地说。

图夫特告诫我们要保持自我：“最重要的是一定要决定你要走什么样的道路。你可以成为一名科学家，可以去做医生，但是一定要选择你的道路。世界上没有完全相同的两个人，这就是人类能够取得各种各样成就的原因。所以没有必要来强迫一个人去做他不感兴趣的工作。如果你对科学感兴趣，你要尽量找一些好的老师，这点非常重要。即使是这样，你也不一定就会获得诺贝尔奖，这些事情是可遇而不可求的，你不能过于注重结果，你不要期望一定能取得什么样的成就。如果你真正地投入到一个领域当中，倘若那不是你想要得到的，那么你也不能从中发现真正的乐趣。”这些话深刻地揭示了保持自己的特长，让自己前行的道路能够顺应自己固有的特质延伸，对于杰出人士的成长，可谓是至关重要。

每个人在给自己定位或者确定方向的时候，总会受到外界这样或者那样的影响，其中包括父母长辈的期望。在这种情况下，不遵从自身特质的指引，走上一条受他人影响、甚至由别人指定的道路，对于任何人而言都是一种悲哀。每个人遇到这种情况时，都应该坚持，坚持自己的特质，充分展示自己的魅力。

07 “宰相肚里能撑船”

宽容是一种高尚的美德。“相逢一笑泯恩仇”是宽容的最高境界。事实上这一美德做得到的人并不多。即便如此，我们也不应该放弃这种追求，因为舍去对别人过失的怨恨，以宽容的心态对人、以宽阔的胸怀回报社会，是一种利人利己、有益社会的良性循环。屠格涅夫说：“生活过，而不会宽容别人的人，是不配收到别人的宽容的。”所以，宽容了别人，在自己有过失或错误的时候也往往能得到他人的宽容。

亚历山大大帝骑马旅行到俄国西部。一天，他来到一家乡镇小客栈，为进一步了解民情，他决定徒步旅行。当他穿着一身没有任何军衔标志的平纹布衣走到一个三岔路口时，记不清回客栈的路了。亚历山大无意中看见有个军人站在一家旅馆门口，于是他走上去问道：“朋友，你能告诉我去客栈的路吗？”

那军人叼着一只大烟斗，头一扭，高傲地把身着平纹布衣的旅行者上下打量一番，傲慢地答道：“朝右走！”

“谢谢！”大帝又问道，“请问离客栈还有多远？”

“一英里。”那军人生硬地说，并瞥了陌生人一眼。

大帝抽身道别，刚走出几步又停住了，回来微笑着说：“请原谅，我可以再问你一个问题吗？如果你允许我问的话。请问你的军衔是什么？”

军人猛吸了一口烟说：“猜嘛。”

大帝风趣地说：“中尉？”

那烟鬼的嘴唇动了一下，意思是说不止中尉。

“上尉？”

烟鬼摆出一副很了不起的样子说：“还要高些。”

“那么，你是少校？”

“是的！”他高傲地回答。

于是，大帝敬佩地向他敬了个礼。

少校转过身来摆出对下级说话的高贵神气，问道：“假如你不介意，请问你是什么官？”

大帝乐呵呵地回答：“你猜！”

“中尉？”

大帝摇头说：“不是。”

“上尉？”

“也不是！”

少校走近仔细看了看说：“那么你也是少校？”

大帝镇静地说：“继续猜！”

少校取下烟斗，那副高贵的神气一下子消失了。他用十分尊敬的语气低声说：“那么，您是部长或将军？”

“快猜着了。”大帝说。

“殿……殿下是陆军元帅吗？”少校结结巴巴地问。

大帝说：“我的少校，再猜一次吧！”

“皇帝陛下！”少校的烟斗从手中一下子掉到了地上，猛地跪在大帝面前，忙不迭地喊道：“陛下，饶恕我！陛下，饶恕我！”

“饶你什么？朋友。”大帝笑着说，“你没伤害我，我向你问路，你告诉了我，我还应该谢谢你呢！”

亚历山大大帝是俄国沙皇，是与彼得大帝、叶卡捷琳娜二世齐名的沙皇，但他没有因为贵为沙皇就对不是特别礼貌的军人加以惩罚，他饶恕并宽容了那位军人，当然他也赢得了人们的尊重。

学会宽恕别人，就是学会善待自己。仇恨只能永远让我们的心灵生活在黑暗之中；而宽恕，却能让我们的心灵获得自由，获得解放。宽恕别人，可以让生活更轻松愉快。宽恕别人，可以让我们有更多朋友。

宽容，对人对己都可以成为一种无需投资就能够获得的精神补品。学会宽容不仅有益于身心健康，而且可以赢得友谊，保持家庭和睦，婚姻美满，乃至事业成功。因此，在日常生活中，无论对子女、配偶、老人、领导、同事、顾客、朋友乃至于陌路人，都要有一颗宽容的爱心。

学会宽容，并不是无原则地放纵，也不是忍气吞声、逆来顺受。宽容是一种有益的生活态度，是一种君子之风。学会宽容，就会善于发现事物的美好，感受生活的美丽。就让我们以坦荡的心境、开阔的胸怀来应付生活，让原本平淡、烦躁、激愤的生活散发出迷人的光彩。

08 不想干涸，就融入大海

一个农夫带着斧子入林砍柴，一棵幼树看到农夫带着斧头走过身旁，便把农夫叫住了。

幼树央求农夫说："亲爱的农夫，请把我周围的树木砍光吧！我在这里无法自由自在地生长，既照不到阳光，也找不到延伸的地

方，四周吹不进一丝风，这些树木好像在我的头上织成了天罗地网！如果不是它们妨碍我生长，一年之后我就会无比荣光，我的浓郁将覆盖整个山谷，可如今我长得如此瘦弱。”

农夫听了非常同情幼树，就挥动斧头来帮忙，在幼树周围清理出很大一块地方。

幼树再也不会担心被别的树遮挡了，它尽情地茁壮生长着。

可是好景不长，小树受到太阳烘烤，受到大风和冰雹袭击，最后它被狂风摧折在地。

这时，附近的一条蛇对它说：“愚蠢的小树！你这是咎由自取。如果你在树林的浓荫下多长些日子，老树会保护你，不论大风还是炎热都不会把你伤害。等将来那些树木因成才全被砍光，那时候你已经长得相当粗壮，十分坚强，任凭风狂，你也会抵挡得起，今日之祸也就无从谈起了。”

任何事情都不是一个人的力量能完成的，尤其当你有更高的目标要实现的时候，那么获得支持就非常必要。所以，不想自己干涸，就应该把自己融进大海里面去。

1.坦率地与任何人交流。

远离孤独，就必须与人相处，大家互相接纳，互相帮助，彼此带来快乐。要赢得别人的接纳，首先要让别人相信你，这样人们才能以一种真心交流的态度与你相处。所以，我们应该以开放而坦率的态度去和大家交流，只有开放的人才会赢得别人向自己开放。

2.只要谦虚那么一点，你就高许多。

有人认为，现代社会需要的是表现，不需要谦虚了，这是一种错误的想法。谦虚的人什么时候都受欢迎，也会受益。许多人常会把自己的优势作为向别人炫耀的资本，无论事大事小，总喜欢和别人攀比，以期达到宣扬自己的目的。这种过分张扬的行为很容易引起别人对你的反感，被众人所弃，更不要说得到别人对你的支持了。

3.遇事多替别人想一想。

无论与谁交往，一定要注意自己的言行。如果你对别人有什么看法或者成见，说话时应该三思而后语，且语气应该很委婉，不要咄咄逼人，含沙射影。不顾及别人的感受，肯定会招致别人的反感，使人远离你。说话之前，应该善于换位思考：对方愿意不愿意听自己说话呢？如果愿意就说，不愿意还是免开尊口。

4.分担痛苦，分享快乐。

一位名人曾说过：把欢乐与他人分享，就会有两个欢乐。人在困境时，总想找一个知心伙伴来倾诉自己心中的烦恼和苦闷，这样痛苦就可以减轻一些；在遇到欢乐的时候，把欢乐向自己的朋友诉说，就可以获得更大的欢乐。真心朋友是倾诉隐情的绝好对象，你把痛苦向朋友诉说可能会获得意外的解脱；把成功和喜悦告诉朋友时也能增加自身的价值。相互分享欢乐，彼此承担痛苦，关系就自然融洽。

5.尊重一个人就要尊重他的一切。

人人都需要被尊重。尊重一个人不仅在人格上、大事上，更要在细节上体现。比如，当别人在和你说话，你应该不时地用语言、眼神回应对方等，以示尊重。遗憾的是许多人在这方面做得很不够，或者是根本就心不在焉。他们要么是在别人说话时左顾右盼，要么只顾自己说。这最容易伤害他人的自尊。尊重一个人就应该尊重他的一切，甚至还要包容他的错误。

6.退一步海阔天空。

牙齿和舌头也难免有打架的时候，与别人相处，肯定会遇到一些不开心的事情。如何对待这些小摩擦，让关系变得更好就成为交往中很重要的一个问题。善于交往的人往往会表现出一种豁达的态度，懂得谦让对方，这样对方很容易会对你产生好感和信赖，从而自动和你修好。斤斤计较、不肯让步，不会有满意的朋友。

7.善待你周围所有的人。

你怎么对待别人，别人就会怎么对待你。谁也不可能不遇到困难，获得帮助是任何人都需要的。不管是生活中还是工作中，离你越近的人对你帮助就越大，尽管他可能只是一个小人物。正所谓“远亲不如近邻”、“远水解不了近渴”。友好地对待周围每一个人，在你困难的时候，大家都会伸出援助之手。

8.不要打探别人的隐私。

很多职业人往往对什么都感兴趣，总喜欢对别人的事打破沙锅问到底。不分场合、对象、环境和谈话内容，毫无选择、毫无顾忌地追问，是很不理智的行为，还会造成别人的反感。每个人都有自己的生活方式和生存空间，都有一些属于自己内心而不愿公开的事，人们称之为隐私。西方谚语说:“一个人的家就是他的城堡。”隐私是人格尊严的防线，隐私权体现了人们对私生活自由的渴望，体现了个人对自身的支配权及与外界沟通的自主权。尊重他人隐私，是一个职业人最起码的道德准则。

09 要诚实坦率，但要把焦点投注在你的优点上

著名心理学家马斯洛在研究大量著名人物的基础上，认为一个人要走向成功或走向健康一共有8条途径，其中两条与诚实有关。诚实坦率是一个人成功的潜在力量，它能升华你的人品，使你与别人建立良好和谐的人际关系，为事业的发展奠定坚实的基础。

阿瑟·项伯拉托里是新泽西曼哈顿航运公司的开发者和业主，还是一家货运公司的董事长。他10岁的那个夏季，正是经济大萧条的1935年，他跟着一辆密封运货卡车，每天向100多家商店送特制食品。天气是那么的炎热，干12个小时的报酬只是一块三明治、一瓶饮料和50美分现金。但由于这是他的第一份工作，他认为辛苦一些也是值得的，所以他毫不抱怨。

在不送货的日子里，他就到一家偏僻的糖果店干活。一次扫地时，他看见桌子底下有15美分现金，他犹豫了一下，捡起来交给店

主。店主拍拍他的肩膀说，是自己有意将钱扔在那儿的，想试试他是否诚实。为此整个高中阶段，阿瑟·项伯拉托里都被这位老板雇用。他不会忘记，是诚实让他保住了当时非常难找到的工作，当他功成名就之后他发现，他一生秉承的诚实的品质成为他创办事业、兴旺发达的关键。因为他的诚实坦率，合作伙伴都非常信任他，在他最困难的时候也没有抛弃他，帮他渡过了难关。

可见，诚实坦率的人更容易获得成功的机会。诚实坦率这种美德，会永远闪耀着迷人的魅力，使你的人品获得升华，使你更容易取信于人，使你人生更顺畅。那些认为诚实已经过时的人无疑目光如豆。试想，谁愿意和满口谎言的人打交道呢？即使你靠小聪明、靠欺骗客户取得了一些成绩，你的老板也不会重用你，因为老板担心你用同样的手段来欺骗他。

诚实坦率并不是要你毫不顾忌地展示自己的缺点，而应该将焦点投注到你的优点上，这样更能增添你的人格魅力，也更能助你走向成功。

李光家乡所在的市政府，每年春节都会组织一次在名牌大学读书的家乡学子的座谈会，座谈会的主题是鼓励大学生毕业后回家乡就业，为本地经济腾飞和社会发展出力献策。座谈会的参加人员，除了一些官员，还有当地一些著名的公司的老总。每个参加座谈会的大学生，都要作一番自我介绍。大多数大学生都是客观地简单地介绍一下。但李光的表现却与众不同，他做了精心准备，在综合介绍完自己之后，又把自己的优点，如在学生会里的任职，有较强的组织管理能力，代表学校参加过演讲比赛，具有较强的文字组织和语言表达能力等，一一渲染。

李光的介绍引起了在座的公司老总的注意，他的介绍让他同班同学听得有些耳根发热，但细一琢磨，他又没有言过其实，只不过突出了自己的优点而已。结果，还没有毕业，就有几家公司到学校里抢他，承诺较高的薪水和优越的工作条件，有一家公司还特意接他到公司实地考察。他最终选择了一家适合自己发展的著名公司，并凭借自己的努力，很快做出了优异的业绩，成为公司晋升最快的人。

有些人认为，即使是诚实坦率地突出自己的优点，也不免有夸耀之嫌，很可能会令人反感。实际上并非如此，如实地说出自己具有哪些专长，拥有哪些技术，往往是有自知之明的表现，不但不会

让人觉得讨厌，还会增添你的可信度。如实地说出你的优点，不夸大，也不缩小，既不用一个泛泛的名词概括，也不粉饰虚化，这样你才会拥有一个明净的人生。

10 任何限制，都是从自己的内心开始的

有一个小伙子，他有一手绝活，能用双手倒立行走，然后双腿靠着墙倒立，从双臂之间冲人笑。

有一次，有个人忍不住问他，为什么要这么做，他回答道：“我只是想换个角度看世界，有时候正对着面前的人和事，我会心烦，当我倒立着看时，觉得所有的人和事都变得好笑了，我就会好过一些。”这个故事启示我们，无论在生活还是工作中，当我们遭遇“瓶颈”陷入其中不能自拔时，如果换一个角度看问题，问题往往能迎刃而解，心情就会变得愉快起来。

实际上，现实中几乎每个人都会遇到烦恼或困难，如没有考上理想的大学、失恋、工作被炒鱿鱼等。很多人会想不开，陷入烦恼悲伤之中不能自拔。岂不知，凡事都有两个方面，事情的好坏取决于你怎么看。有时候，你只是换个角度，换个心境，虽然是同一件

事情，但看起来却大不相同。

有一个苦于贫穷的年轻人，向一位智者请教，智者看他一副落魄的样子，问他为什么失意。

年轻人回答："我总是这么贫穷。"

智者又问："你还这么年轻，怎么就说自己贫穷呢？"

"年轻又不能换来金钱。"年轻人有些赌气。

智者笑着说："那现在给你一万元，让你失去双腿，你愿意吗？"年轻人一愣，说："不干。""那现在把全世界的财富都给你，但你必须现在死去，你愿意吗？""我都死了，还要那么多财富干什么？"

智者笑眯眯地说："这就对了。你现在这么年轻，生命力旺盛，就等于拥有全世界最宝贵的财富了，又怎能说自己贫穷呢？"

年轻人恍然大悟，重新找回了对生活的信心。

同样的事情，相同的问题，为什么不同的人的眼中会有不同的景象呢？这决定于一个人思维的方式。如果你看问题总是从负面出发，那你就永远看不到积极的东西，甚至有时候你还会把一些小错误、小问题无限放大，从而完全否定自己，结果会使消极的情绪永远伴随着你。这样，你怎么能走出阴影，去获得成功呢？如果你能从积极的方面考虑，往往就能发现那些所谓的问题根本就不是什么问题了，并能很快找到解决的方法，保持愉快的心情把事情做好。

有一个富人，想到异国他乡去寻找人生的乐趣，但是，他又害怕家里的金银财宝被邻居霸占，被仆人偷盗。于是，就将这些宝贝全部装在包袱里，背在身上。

他走啊走啊，走遍了名山大川，看遍了美景，但是，却总觉得不快乐。到哪里才能找到快乐呢？他一路上愁眉不展地思索着。

有一天，他走累了，靠在一棵树下歇息，看到远处有一位衣衫褴褛的农夫唱着山歌走过来。

“看起来你并不富裕，为什么如此高兴呢？”富人向农夫讨教快乐的秘诀。

农夫笑笑说：“哪里有什么秘诀，快乐其实再简单不过了，只要你把背负的东西放下就可以了。”

富人顿悟：自己背着那么沉重的金银珠宝，腰都快被压弯了，住店怕偷，行路怕抢，整天忧心忡忡，惊魂不定，怎么能快乐得起来呢？

于是，他放下行囊，把金银珠宝分发给过路的穷人。这样，不仅背上的重负没有了，而且还看到人们感激的笑容——他终于成了一个快乐的人。

人生之中，我们背负了太多已经获得的、不愿失去的，以及没有获得期望得到的东西。很多时候，不是快乐离我们太遥远，是因为我们患得患失；不是快乐太难，而是因为我们有着太多的欲望和希冀。

“害怕失去”和“期望得到”构成了我们沉重的包袱。若要得到快乐，其实再简单不过了，只要你把这些背负的包袱放下就可以了。

第二章
游刃于纷繁职场

人的一生中，工作时间占去了一半，这样重要的事情，当然应该引起我们的高度重视。职场是复杂的，其中充斥着利益争斗、勾心斗角、尔虞我诈。职场也是精彩的，它能成就我们的人生，实现我们的理想，丰富我们的生活。在职场中，需要我们有灵活的为人处世方法，在工作中要有一种责任感，也要有一些圆滑世故。

01 尽量去理解别人

我们时常会遇到有人发出这样的感叹，他们总认为自己苦闷、烦恼、忧郁，心情简直糟透了。单位同事和家人都不能理解他们，别人对他们敬而远之，世人的态度给他们造成了很大的心理压力。这就是人与人之间缺乏真正的理解所造成的。

每个人都需要他人和社会的理解，理解又何尝不是相互间的呢？人人需要理解别人，人人也都需要被别人理解。只有诸多的相互理解，善待他人，我们才能生活的坦荡、快乐和幸福。

情商研究表明，理解别人内心感受的能力对于一个人的工作、爱情、友谊、家庭等方面都很重要。你越善于从他人发出的信号中辨别出他的真正意图，就越能控制自己发出的信号，这种善解人意的能力是构建良好人际关系的基础，也是取得事业成功的基础。一个善于理解别人的人，在任何情况下都是受欢迎的人，也更容易获得成功。

身处职场，我们常常听到员工们抱怨上司的挑剔、制度的苛刻、工作的艰辛，这时，我们何不学会尽量去理解别人呢?

在公司里上司是最能决定你前途和命运的人，所以理解你的上司是相当重要的。而上司与员工之间一般是有严格界限的，这可能会增加你跟上司沟通了解的难度。你不能妄图通过跟上司的一次谈话来理解上司的意图，而应该根据工作中同上司发生关系的任何一个细节来揣度、判断上司心里想的是什么，下一步可能有什么行动。

只有正确理解上司的意图，你才能够正确对待上司的批评指正，减少工作中的失误，赢得上司的认同和好感，进而受到重用，获得成功的机会。

站在上司的角度思考问题，是理解上司意图的关键。

实际上，在工作中，有些人之所以同上司之间的隔阂越来越深，就是不肯站在公司的角度，设身处地地为公司想想。他们总是站在自己的立场上看待上司的言行，结果一遭受批评就觉得上司不顺眼，极力躲避上司，从而导致关系搞得越来越糟。如果你站在公司的角度思考问题，你就会更容易接受上司的批评，而且经常这样换位思考，还可以提高你的整体思维。

上司思考问题的方式与普通职员不同。他以公司利益为出发点，从整体上统筹考虑问题，以大局为重。而普通员工则可能会从自己的角度想当然地做决定，往往牺牲大局而保护个人。

比如，有两个员工发生了争执，关系搞得很僵，根本无法合作共事。上司知道两个人都是有才干的，在某一方面都是不可或缺的人才，只是稍微有点儿个人主义。上司不想因此辞退他们，更不愿因此而影响工作上的默契，所以，他会将两个人分开，在不同的部门发挥他们各自的才能。而如果换成一般下属，则可能会从严明纪律出发，辞退其中一人。

上司的每一个决定，都有他自己的理由和想法。也许你认为他的某些决定不明智，但他的决定一定是经过一番思考才做出的。在上司看来，放弃项目，与希望获得一样东西同样有意义。这是因为所处的立场不同，看问题的角度就不一样，做出的决定就有很大的差别。因此，对于上司的决定，不能想当然地持否定态度，应尽量弄清上司的思考方式和他之所以那样决定的原因。这不仅可以更好地接受他的意见，而且还可以逐步培养出宏观决策、统筹安排的能力。

平时深入观察，仔细揣摩，熟谙上司的习性，这样才能正确地理解上司的意图。否则，在你具体执行过程中，就会发生很大偏差，甚至南辕北辙。与上司的想法完全背道而驰，你将会费力不讨好，陷入十分尴尬的境地。

比如，上司说："天气真冷。"他可能不是只想告诉你天气状况，还想请你打开空调。你看出这层意思并去做了，上司一定很高兴。

再比如，上司把茶杯朝靠近你的一边一放，他其实不是想把茶杯放在那里，而是让你给倒杯水。如果你看不出这层意思，等着上司自己倒水时再抢着去倒，效果就大打折扣了。

同事是公司里跟你一样地位的人，你工作上的良师益友。要想做出好业绩，离不开同事的鼎力相助，所以理解同事也是相当重要的。你只有理解了同事，才会更好地获得同事对你的理解，建立起良好的人际关系，获得同事的帮助，同时跟同事学习更多的经验，更好地掌握业务技巧，在协作中借势发挥，做出良好的业绩。

在公司里你难免会听到同事与你相反的意见，这时你不要生气。相反，应该高兴起来，因为这正是你学习业务技能的好机会。你要虚心地向他请教，学习并加以运用，这可以省去你好多摸索的时间。

尊重同事的优势和才华，宽容同事的脾气和个性。只欣赏同事美好的地方，不要去计较他们的缺点，或者说与自己不合拍的地方，不能理解的时候就试着谅解，不能谅解就平静地接受。

给同事及时雨一样的帮助。比如，对窘迫的同事讲一句解围的话，对颓废的同事讲一句鼓励的话，对迷途的同事讲一句提醒的话，对自卑的同事讲一句振奋的话，对痛苦的同事讲一句安慰的话。

积极与同事沟通感情，经常交流意见，以增进同事之间的了解，更好更快地领会别人的意图，在协作中必定更加默契完美。

学会理解人，不仅能增强你的人格魅力，还能帮助你更好地做事，去收获成功的硕果。试想，谁愿意和一个不受欢迎的人打交道呢？一个不被人理解的人又有多少发挥的空间呢？不能理解别人，又如何跟对方协作呢？无论在生活还是在工作中，成为一个有魅力的人，一个大家喜欢的人，成功也就指日可待。

02 机会可能就是陷阱

有些人成功靠埋头苦干；有些人成功靠一时的幸运；有些人成功靠千载难逢的机会。机会，对于每个工作着的人来说，都是至关重要的。

刘昶新开了一家店铺，就在店里开灶做饭。最近发现一只老鼠待在吊顶上总是昼伏夜出，刘昶挨着墙根设置了一只鼠夹子——就在老鼠经常行动的路线。可是鼠夹上却没有放任何诱饵。几天过去了，老鼠一直没有逮住。朋友建议他给鼠夹上放块肉，刘昶笑说：“不必。”

一天晚上，刘昶和朋友正在下棋，忽听鼠夹响，跑过去一看，那只鬼精鬼精的老鼠竟然被夹住了！朋友开玩笑地对刘昶说：“没想到你还像当年的姜子牙，空钩垂钓，愿者上钩。”

刘昶说：“老鼠肯定会被夹住的，因为它总是在寻找机会。”

不错，对于那些一直不停地在缩头缩脑寻找“奶酪”的老鼠来说，其机会就是一顿美味的晚餐，它要求不高，吃饱就可以了，即使有千百次得手了，可一旦“失手”，它所得到的将是一只致命的鼠夹！

人很多时候也会犯老鼠这样的错误，但两者的不同之处是：鼠由于生存的本能必须没日没夜地等待机会；而人呢？还能主动地发现机会、变不可能为可能地创造机会。这就如同样是直立行走，猿只能靠天吃饭——寻找食物，而人却能播种食物并为之繁衍生息，使人类自身成为地球万物的主宰。

我们印象最深的一句经典：“机会总偏爱那些有准备的头脑。”这是相当精辟的名家之言。但是，在我们现实社会中，是不是你的头脑中准备好了什么，机会就能如同天上掉馅饼？答案固然不能用“是”或者“否”来回答，因为有时机会可能变成了虚无缥缈，让人神魂颠倒，甚至魂不守舍；有时，机会就会成为诱惑，它会像蝴蝶一样，从四面八方扑过来，让你扑朔迷离，慎之又慎地作出抉择，要还是不要？

但是机会太多了，人与鼠可能面临同样的命运，尤其是处在我们这样一个竞争激烈的社会中。机会已经不单是美丽的“奶酪”，当然机会也不一定就是恐怖的鼠夹。客观地说，机会是放置在鼠夹上的一块奶酪，它是有风险的，因为“机会与风险并存”。

张强是长春一家电器公司的业务员。虽然说张强一开始并不考虑要找人合伙做业务，因为他听过的合伙纠纷多的令他不敢尝试；但是有一个偶然的机缘，他认识了住在上海的郑辉。从此刻起，张强就在不知不觉中走进了一场噩梦。

平常张强就是同行口中的前辈，因为年纪比较大，读的书又多，讲起业务理论也头头是道，同行都把他视为老师，常请教他业务上的问题。

张强因为妻子的身体不好，所以他的业务大多是在本市进行的。在本市，很多大型商场的老总都认识他。他很想向外地发展，但苦于无法离开家庭，因此他就想在外市寻找一个业务能力好的人合作。

回想当初的决策过程，一切都是那么自然。

张强是在一家联谊会上认识郑辉的。因为郑辉说他在上海有很好的人缘，并且自己的亲属也大都在商贸部门工作。郑辉看起来忠厚老实，并且表达能力很强，张强就觉得自己和他合作不会有错。

他们私下讲好了业务分成的问题，然后张强就将郑辉带到了自己的公司。郑辉看完了电器以后，就对张强说："我马上返回上海联系业务，你就等我的好消息吧！"

张强对郑辉第一次做业务有点不放心，就和郑辉商议，和他一起去上海，郑辉欣然同意了。张强来到上海看到的一切果然如郑辉所说的一样，郑辉在上海进入各家商场，简直就如走平道一样。郑辉还把张强领到自己的家里，说让张强认认家门和家人。张强看到郑辉的老婆还开了一家大型的饭店，生意很兴隆。这回，张强对郑辉放心了。

第一笔业务进行得很顺利，但在取货款的时候，张强还是亲自来到上海，把货款带回了长春。由于这笔业务不是很大，他们两人的分成也不很多，每个人只分得7000元。

第二笔业务正赶上张强的妻子住院，张强就直接将电器从长春发往上海。货款也是郑辉通过汇款的形式打过来的。同时，郑辉还多给了张强一些分成，说张强的妻子住院，正需要用钱。

第三笔业务的量很大，张强想随货一同去上海。郑辉听说后，就对张强说："咱哥们儿，你还不放心吗？"

张强一听郑辉这么说，也就打消了去上海的念头。可是货已经发出去很长时间了，货款却迟迟不见回来。张强着急了，就赶往上海找郑辉。

到上海后，张强先来到郑辉所说的商场，商场负责人说，郑辉已经将货款提走了。张强马上来到郑辉的家，已是人去楼空。他接着来到郑辉老婆的饭店，没想到饭店也已经易主了。现在的饭店老板说，前任老板已经出国了。张强直到这时才知道自己被骗了。张强毕竟懂得一些法律知识，当即来到上海商业协会，将上海某商场告上了法庭。

张强耗费了半年的时间打这场官司，但法庭最后的判决却是张强败诉。

工作场上有许多机会，如果你能抓住一个机会，或许你就会飞黄腾达。但是，也不是所有的机缘都能是好的，都能使你升迁。有些机缘，很可能就是别人为你设下的一个陷阱，你一旦陷下去，轻则身败名裂；重则粉身碎骨。

因此，你一定要小心对待机会，别高兴得太早，也别决定得太快。

03 办公室恋情是个马蜂窝

在大学，恋爱也许是门必修课，校园里到处都充斥着爱情的味道。在那里，你大胆的表白或无微不至的体贴，不但不会招来白眼，反而会掌声四起。但成为职场新人后，你必须收敛自己的感情，要尽量控制“办公室恋情”的出现。特别是作为女性，如果你希望自己能有所作为，最好不要在办公室里放“电”。

因为办公室恋情是个马蜂窝，如果你处理不当，不但会将自己蜇伤，而且还将影响自己在公司里的发展。一份恋情不管是开始还是结束，都会被那些与你共同度过白天的大部分时间的同事所关注，甚至风言风语、添油加醋。谈这样一场恋爱需要双方具有足够的韧性和自制力。当然，这并不是要你与自己心仪的对象分手，而是说办公室恋情浪漫但也有风险，在恋情开始前，你需要做好准备。

最近菡遇上了点麻烦，她办公室里的辉正在追求她。面对辉的追求，菡很苦恼，她不知该怎么拒绝。一天，她心情不好，刚到办公室就发现自己桌上的玫瑰花。她很生气，冲到办公桌前把花揉成一团扔进垃圾筒里。之后，其他同事都冲着辉起哄，辉把头埋得低低的。从此之后，辉再也没有和菡说过话，彼此见面都觉得很尴尬。

菡的做法很冒失，也很冲动，是不可取的。即使真的不喜欢对方，也要维护辉的自尊，不能让他太难堪。如果你不喜欢对方，应婉转地告诉对方，说自己现在还不想考虑这个问题，或者说自己很喜欢和他共事，但除了工作之外，帮不了他别的忙，并祝福他能找到更好的伴侣。这样做，对方是会感激你的。至于对方送的如玫瑰花等小礼物，可以装作若无其事地收下，这样对方心里一定很高兴。

办公室恋情首先要做到的就是保密，不要让太多人知道这件事，这样你们的麻烦才会少一些。如果没有采取保密措施，你的同事们很可能对你们的恋爱过程作“跟踪报道”。一旦你们出现了矛盾，马上就会成为焦点人物。在同事们的监视下谈恋爱，滋味自然不好受。你们应该选择在无人注意的情况下交流，如果实在抑制不住内心冲动的话，可以通过手机短信交流。如果出现了什么矛盾，切忌在办公室里解决，可以下班后，找一个僻静的地方，比如咖啡厅、茶室，好好沟通。

有些人可能会在对方强烈的爱情攻势下惊慌失措，而被迫接受对方的爱情，而实际上你并不喜欢对方。那样，你们之间的恋情并不会愉快，你也没有幸福的感觉。

如果这样的情况发生在办公室里，情况会更糟。因为办公室恋情阻力重重，你很可能因承受不了压力，又无法品尝幸福而苦恼，最终失去这份工作。

如果你不爱对方，就应该毫不犹豫地做出拒绝。但要注意拒绝的方式，不要伤害对方。

职场中最忌在工作中掺杂过多的个人感情，这会给人一种你自制力差的印象，很可能还会因此失去升迁的机会。即使你与你的同事相恋，也不要把感情带到办公室里，感情是私人的东西，与办公室的环境不协调。

所以，在工作场所中一定不要表现得过于亲密，也不要把矛盾露出来，从而影响自己的职业形象，影响事业的发展。

当然，对于热恋中的人，在工作中能表现得像没有感情纠葛这回事，也是很困难的。如果你在脑子里老是想着对方，肯定会影响自己的工作。你应该把对对方的爱化作工作的动力，去尽职尽责地做好你的每一项工作，来提高你的工作效率，体现你的工作魅力，这样才更能赢得对方的好感。

你要记住，在工作中你们是完全独立的两个个体，所以你不能贸然替对方说话，或者给予对方明显地帮助，这样会引起别人的反感，有损你的职业形象。

你还要记住，如果你处理不好感情与工作的关系，致使自己工作效率降低的话，老板会考虑把你们其中一方调离。

所以，必须驾驭好爱情，使其对工作产生正面影响。

职场里的女孩，爱上老板的故事司空见惯。不管故事的起因如何浪漫，也许在你面试的当日他就给了你颇有好感的一瞥；或者，在你走进办公室的那一刻你就给了他心有灵犀的秋波暗送。职场女孩和老板的爱情故事层出不穷，但好梦成真的总归是少数，多数人是那些痴迷的失落者，且在失落的伤痛里缅怀逝去的爱情，直到梦醒后才知，原来那不是爱，不过是爱的错觉。

记住：老板永远把自己的事业放在第一位。下属与老板的办公室恋情，或多或少会影响到公司的业务，这是老板不能允许的。更何况，某些“自私型”老板本身便是视他人为附属品，对下属都是保持逢场作戏的心态而已，绝不会特别珍惜。

如果你失恋了，办公室的同事会对你失败的恋情津津乐道，这会让你十分烦恼。回到家里，面对冰冷的墙壁，想起以前的幸福甜蜜，不知不觉就会泪流满面。

情绪的低落会影响你的工作，你应尽可能地去调整自己的情绪，最好的方法就是分散注意力。

你可以拼命地工作或学习，尽可能将白天和夜晚填满，这样你既可在艰难时期维持自控，还可以学习更多的知识，不失为一个一举两得的好办法。

如果你为了躲避对方，或者为了忘掉失败的恋爱而辞职，绝不是明智的行为。这样会显得你没有自控能力，你应该勇敢面对发生的一切，机智地去应付，从而锻炼自己的处世能力。况且，离开已经适应的工作，去重新适应一个新环境，会浪费你的精力，你往往会发现新岗位不如原来的岗位好，因为你并不是因为讨厌你的工作而辞职的。爱情和面包同样重要，千万别轻言放弃自己的事业。除非你已安排好下一步，否则绝对不可轻举妄动。而且辞职无疑是宣布“此地无银三百两”，让所有的人知道你和他的“关系”非比寻常。

记住，在发生办公室恋情后，你必须谨慎小心处理，不要让这份恋情断送了你的职业前程。

04 对工作要细心，对自己要粗心

工作细心有利于你做好工作，给同事和上司留下做事扎实、认真的好印象，而留给别人的第一印象往往对你以后的发展起到决定性的作用。试想，如果你初涉职场就给上司及同事留下做事不踏实、拖延的坏印象，纵使你有出类拔萃的才能，也很难得到老板的信任和重用；反之，如果你一开始就养成做事细心的好习惯，上司就会觉得你是可塑之材，有良好的培养前景，这样你就容易获得学习锻炼的机会，容易获得一些重要的工作去做，从而更好更快地成长起来，成为老板身边不可或缺的得力骨干，一旦有加薪或晋升的机会，你自然是首先考虑的人选。

工作细心主要表现在以下几个方面：

1.做事谨慎，保证工作不出差错。

刚开始工作，一定要有一种如履薄冰的感觉，这样往往能使你避免麻痹大意，不会犯下一些不该犯的过错。上司刚开始交给你的工作往往很简单，你也不要沾沾自喜，放松警惕，这往往很容易埋下失误的种子，因为粗心在一些简单的工作上犯一些低级错误，虽然不会掩盖你专项才能的光芒，但却让上司对你产生了不信任的心理，不会把一些重要的工作交给你做。而在一个公司里，不能经常获得做重要工作的机会，是很难有大作为的。不管老板是否有意考验你，如果你获得了做一项重要工作的机会，就要细心去做，甚至要绷紧全身的神经，保证不出任何差错。你要充分利用这一次机会，展现自己的才能，给老板留下良好的印象，为自己在公司的发展开创良好的局面。

2.认真做好每一项工作，即使是出力不讨好的工作。

如果你刚开始工作，满心渴望做一些重要的工作来展现自己，可上司却安排你做一些鸡毛蒜皮的工作，如查阅资料、整理档案等。如果你错误地认为即使把这些做好了，也不会给人留下深刻的印象，就敷衍了事，得过且过。这样虽然不会犯下什么大的失误，但你表现出来的工作态度却让你的形象大打折扣，使你在不知不觉中就被老板打入了“冷宫”。

3.做事不要急于求成。

初涉职场的人，做事往往有急功近利的毛病，最突出的表现就是求快，急于完成任务，向上司炫耀自己的能力。但这样做，往往使你疏于细心、认真地做好工作的每个环节和细节，在工作中留下“硬伤”，甚至是很明显的失误。老板考核工作的标准是做好，而不是做快。如果犯了不该犯的错误后，你就不仅得不到预期的被赞扬的效果，还会给老板留下了做事粗心、急躁的印象。

在保证工作质量的基础上提高工作效率，是每个职场中人应追求的目标，但对于初涉职场的年轻人，还是冷静下来，细心把工作做好为妙。因为你刚开始工作，效率不是很高，往往不是什么毛病，但是经常出错，就会让老板怀疑了。

然而，对待你自己，就不应像对待工作那样细心，那样斤斤计较。过分关爱自己，保护自己，几乎是每个初涉职场的年轻人的通病。跟同事闹点矛盾，被上司批评几句，就委屈万分，甚至耿耿于怀，产生一些不切实际的想法，比如跳槽另谋高就等。这对于你的工作和职场发展有百害而无一利。很多成功人士的经验表明，对待工作精心的人，往往不被情绪所左右，更能保持健康的工作心态，更能融入团队中去，也就更容易做出优异的成绩，从而获得成功。

已做到公司高级主管的陈玲在谈到自己初涉职场的那段经历时，忍不住笑着说：

“那时我就像一头敏感的小动物，受到一点委屈就会像小猫一样作出反应，喵喵直叫以示抗议，即使是同事把我办公桌上的资料弄乱了，我也不依不饶。上司批评我几句，我会伤心欲绝，甚至晚上偷着哭。我发现这样做的后果一点好处也没有，既影响工作质量，又损伤了身心健康。于是，我就决定要改变自己，对待自己一定要粗心，再也不能斤斤计较了。”

陈玲再受到委屈甚至伤害时表现出来的姿态，让她的上司和同事都大为惊诧。她努力克制自己，调整情绪，渐渐修炼得像一湖冰水，无论风再大，也激不起一丝波澜。特别是有一次，她的一个不错的点子被同事偷听到了，而这个点子又被同事做成一份漂亮的企划案，在年终工作例会上把企划案献出来，而这次工作例会的表现又决定了明年能否加薪或晋升，她都忍住了，没有找同事大吵大闹，也没有找老板大发牢骚。虽然那个偷点子的同事凭借那个企划案获得了晋升，但陈玲想的是努力做好下一个企划案，打败对手。后来同事偷点子的事被老板知道了，老板对陈玲良好的自控能力非常欣赏，在不久的一次人事调整中，直接提拔她做了中级主管。

齐格勒说：“如果你能够尽到自己的本分，尽力完成自己应该做的事情，那么总有一天，你能够随心所欲地从事自己想做的事情。”所以，每一名员工都应该珍惜自己的工作，用心做好每一天的工作，只有这样，才能真正地把握住现在和未来。

05 隐藏自己的强大

领导者是强者，这是毋庸置疑的，然而强者行使权力，要取得效果，却不一定靠强悍。有许多时候，领导者的目的在于结果，而不在于过程。许多领导习惯于采取高压政策、大棒政策，结果反而激起对方强烈的反感、敌对和排斥。因此，领导者必须注意避免这种错误倾向，必要时敢于放下架子，以温和、柔顺的态度与下属推心置腹的交流，反而能达到预期的目的。

因为生存竞争太激烈，南亚地区的一个大象部落被迫向北迁徙，最后选定了东亚的一片丛林为落脚点。

在东亚的这一片丛林里，一直都只生活着一些小动物，如兔子、狐狸、松鼠等。大象是陆地上最大的动物，来到这个小动物的世界里，就更显得庞大了。

在驻扎下来的第二天，大象首领就颁布了三项规定：第一，所有大象，不得对其他动物说大象是陆地上最大的动物；第二，所有大象，都不得因为自己庞大而趾高气扬，更不得欺侮其他动物；第三，所有大象外出时，都必须用树枝掩盖全身，只露出头部，以使自己显得尽可能小。

这三项规定一出，大象部落里一片哗然，尤其是第三项。很多大象都表示不能接受。

“我们是最强大的，我们有什么值得顾忌的？有什么值得担心的呢？”

“我们本来就是陆地上最大的动物，为什么不可以光明正大地说出来呢？”

“执行这样的规定，有失我们大象的脸面！”

一阵喧闹之后，大象首领又站出来说话了：“在这片一直都只生活着小动物的丛林里，我们的出现，无疑让所有的小动物感到不安，如果他们看到我们如此庞大，一定会本能地防备起我们来，将我们视为敌人。那样的话，我们就一个朋友也交不到，也无法得到外界的帮助。如果所有的小动物结盟，将我们视为共同的敌人，我们的处境将十分糟糕，甚至失去立足之地。我们的确有强大的力量，但这种力量要悄悄地、不动声色地使用，表面上我们要对所有小动物都充满友爱，逐步将他们团结在我们的周围，听从我们的号召，而不能让他们结盟来对付我们。”

作为一个有才华的人，要做到不露锋芒，既能有效地保护自己，又能充分发挥自己的才华，不仅要战胜盲目自大的病态心理，凡事不太张狂、咄咄逼人，更要养成谦虚让人的美德。所谓“花要半开，酒要半醉”，讲的就是鲜花开得最娇艳的时候，不是立即被人采摘而去，就是衰败的开始。人生也是如此，当你志得意满、趾高气扬、目空一切、不可一世时，不被别人当靶子才怪呢！

06 人之所以能，是因为相信能

一个饱受苦难的孤儿，向一位智者请教如何获得幸福。智者指着一块陋石对他说:“你把它拿到集市上去卖，但是，无论谁买，都不要卖。”孤儿按照智者的话去做，开始两天无人问津，第三天有人来询问，第四天，石头已经能卖一个好价钱了。智者又对孤儿说:“你把石头拿到石器交易市场上去卖，但还是要记住，无论谁买都不要卖。”前两天还是无人问津，第三天有人围过来问，后来，石头的价钱已经高出了石器的价格。

智者又对孤儿说：“你再把石头拿到珠宝市场上去卖。”结果是，石头的价格被抬得跟珠宝一样高了。

如果你认定自己是一块陋石，那么你可能永远是一块陋石；如果你坚信自己是一块宝石，那么你可能就会成为一块宝石。也就是说，你自信能够成就什么事业，才有可能获得什么样的成功。反之，没有自信你就一定不能成功。

每个人的身上都蕴藏着深厚的能量，同时也蕴藏着信心，而一个人往往并不知道自己有多大的能力。如果把自己身上的信心挖掘出来，相信自己的才能并不断努力的话，潜在的能量就一定能被挖掘出来，并使你的人生变得无限光明，最终做出一番令人赞赏的业绩。

成功学大师卡耐基说："自信是成功的第一秘诀。"一个人，只要把潜藏在身上的自信挖掘出来，时刻保持强烈的自信心，就有可能获得成功。

自信能够产生强大的力量，能帮助我们创造奇迹。一名马拉松选手第一个冲过终点，记者围上去采访，问他获得冠军采用了什么战术。没想到这名选手说："我并没有采用什么战术，我只是相信自己能够获得冠军，所以我只管一路跑下去，就第一个冲过了终点。"

正是因为相信自己是跑得最快的选手，才产生了神奇的巨大力量，最终使他率先冲过终点。这正如拿破仑·希尔所说："信心是心灵的第一号化学家，当信心融合在思想里，潜意识立即拾起这种振动，并把它变成等量的精神力量，再转送到无限智慧的领域里促进成功思想的物理化。"

自信能够使人坚强，从不向困难低头。一家著名大公司的总裁在向他的员工演讲时说到自信对克服困难的神奇作用："自信能够克服遭遇的困难，只是需要你付出时间，付出精力。这就像一日三餐，你只管坐到餐桌前张开嘴巴，你就会吃饱，不要把困难看得多么可怕，它就是一块面包，或者是一块牛排，只要你自信能够吃掉它，那你就一定会吃掉它。”

自信能够使人坚定地实现目标。有一位保险业务员，每天早上出门工作之前，先在镜子面前，用5分钟时间看着自己，并且对自己说：“你是最好的保险业务员，今天你就要证明这一点，明天也是如此，一直都是如此。”他还叮嘱自己的妻子在他出门时要这样告别：“你是最好的业务员，今天你就要证明这一点。”后来，这个业务员凭借优异的销售业绩晋升为业务经理，并把自己这套挖掘自信的方法传授给了公司的每一个业务员，使每一个业务员的心理素质大大提高，每天都坚定地去实现自己的目标。

人生是依靠强烈的自信支撑起来的，我们失去了自信，就违背了自己的本性，不敢肯定一切，人生也就没有意义了。我们会消极、迷惘，不知道自己该干什么，一遇到不利于自己的情势，就会畏难发愁，甚至逃避。结果，无论多么好的机会摆在你面前，你都抓不住，最终一事无成。

有一位乒乓球运动员，在国内比赛成绩都非常好，可一到国际大赛，成绩就非常糟糕。一次，她参加世界锦标赛，由于承受不了巨大的心理压力，竟然用刀把自己的手腕割破了，并谎称遭人行刺。事情败露后，这成为国际体坛一大丑闻，她也因此被开除出国家队。后来，她因为在国内比赛表现出众，又被重新召回国家队。在一次国际比赛中，起初，她连赢两局，第三局对方赶超几分后，她的信心立即瓦解，连输三局。专家对她的评论是：不是输在技术上，而是输在心理上。

初入社会的新人，在踏入社会之后，不可避免地会遭遇困难和挫折，这时正是考验你的自信心的时候。如果面对这些能够从容不迫，沉着冷静，那么在以后的人生道路上就没有什么可以阻止你的了。但如果你被它们吓倒，就等着失败的结局吧。因为从来没有一个缺乏自信的人能取得成功。如果你感到自己的信心不足，那就一定要加强培养，只有这样，才能使你身上的潜能得到释放，并坚定不移地去实现你的目标，最终使你获得成功。

07 标新立异 让你独领风骚

创新是一个人取得成功的重要因素，更是一家企业兴旺发达的灵魂。员工要达到自己职业的顶峰就需要创新，企业要在竞争中立于不败之地也需要创新。

缺乏创新精神的企业会缺乏发展的希望，而缺乏创新精神的员工会让企业没有希望。李·艾柯卡就曾告诫人们："不创新，就死亡！"

盛田昭夫和井深大一起创立的索尼公司的宗旨是："绝对不搞抄袭伪造，而专选别人今天，甚至以后都不易搞成的商品。"

如果在创建事业的最初，这条宗旨表明了公司的原则和奋斗目标的话，那么之后落实和坚持这条宗旨则成了盛田昭夫接连成为市场竞争大赢家的秘诀之一。

一般日本企业经营的基本方法是大量生产、大批销售，但盛田昭夫却没有走这条路。他的方式正如上述那条宗旨所要求的，首先投资开发研究，创造出其他公司难以模仿的产品，即便是这种商品被其他竞争者赶上了，还有新的产品出现。盛田昭夫的方法在于标新立异，重在以新取胜，依靠技术不断开拓新的市场。

20世纪50年代初，收音机在日本还不是十分普及，但人们已经逐渐认识到了收音机的好处。收音机市场大有潜力可挖。很多制造商都看准了收音机市场必将火爆的那一天， 因而纷纷大批量生产。

当时流行的收音机并不完美，还存在很大的缺点。其内部几乎全部使用笨重易热的真空管，体积大的不得了。耗电量又高，而且不能随身携带。

井深大和盛田昭夫在当时也被收音机市场的潜力引诱着，但又生怕背负未来市场过剩的竞争压力。这时井深大总经理抓住了流行收音机的缺点，设想如果索尼(当时名叫东京通信工业公司)生产的收音机能够克服这些缺点，必然会大受消费者的青睐，独占收音机市场的鳌头，成为技术革新的领导者。

盛田昭夫想要研制一种能携带甚至可以放在衬衣口袋里的小型收音机。要实现这一点，就必须以半导体取代真空管。而半导体的专利权，当时只在美国有，发明它的是休克利博士。

他们专门为半导体的事去了一趟美国，想要引进休克利博士发明的半导体专利。之后，盛田昭夫与拥有半导体专利权的西方电气公司签订了专利合约。最终，盛田昭夫推出了日本第一批小巧玲珑的半导体收音机。这批第一次标有“SONY”字样的产品一出世便令同行和消费者惊诧。“SONY”牌收音机一下子风靡日本，原来的真空管收音机顷刻之间成为陈旧的过时货。

时隔不久，盛田昭夫生产出更小的口袋型半导体收音机并大批上市。这种收音机可随身携带，就像手表一般便捷，在社会上形成了一种新时尚，标新立异的索尼公司顿时引起人们的极大注意，“SONY”也成了家喻户晓的名牌。

标新立异使盛田昭夫赢得了消费者的心，在市场竞争中出奇制胜。同行企业在对盛田昭夫既嫉妒又羡慕的时候，他又开始了新的研究。

盛田昭夫在和同行的竞争中总能以新取胜。他写过一段耐人寻味的话：“我们的计划是用新产品来带领大众，而不是被动地去问他们要什么产品。消费者并不知道什么是可能的，但是我们知道。因此我们要去下一番工夫做市场调查，并且有不断修正每一种产品及其性能、用途的想法，设法依靠引导消费者，与消费者沟通，来创造市场。”这段话体现了盛田昭夫的经营雄心，体现了索尼公司的一个基本精神，风靡全球的“walkman（随身听）”就是这种精神的产物。

一天，总经理井深大提着手提式录音机和一副耳机，来到盛田昭夫的办公室，一脸无奈地说：“我喜欢听音乐，可又不希望影响别人，又不能整天坐着不动，只好提着录音机走，可这实在是太沉重了，这份疲累哪是我这老头子能吃得消的？”

井深大这番抱怨的话一下子激发了盛田昭夫的思维与想象。他想，能否研制一种小型随身携带的录音机呢？如果研制成功的话，井深大总经理不就再也不会抱怨手提式录音机的沉重了吗？当然，它也会更好地满足那些须臾也离不开音乐的年轻人。

经过不断的创新，一台“随身听”的样品造出来了，精致而小巧，音效也非常的好。以盛田昭夫为首的技术骨干认定“随身听”一定会风靡起来，但销售人员则认为这种产品连一点销路都没有。于是，在公司内对“随身听”形成了反对派和支持派两种截然不同的意见。面对反对声，盛田昭夫坚持己见，并说明自己负全部责任。由于“随身听”适合消费者的需要，价钱（3万日元）也适合年轻人的“腰包”，结果一上市就被抢购一空，供不应求。面对雪片般飞来的订单，索尼公司必须以自动化生产来应付。与此同时，“随身听”也大大刺激了索尼公司的耳机研制，使它跻身于全世界最大耳机制造商之林，在电子产品大国日本也占据了50%的市场。由于美名远扬，连著名指挥家卡拉扬等音乐大师也来索尼公司订购“随身听”。

几十年来，索尼公司在盛田昭夫的标新立异思想指导下，发明创新，用创新赚得了丰厚的利润。

总是跟着别人脚印前进的人，只能是碌碌无为。只有敢走别人从未走过的路，另辟蹊径、善于创新、勇于创新，才能走向成功。

有位老板开了一家颇具规模的蛋糕店，但是由于蛋糕行业竞争较为激烈，并且该店的位置偏僻，所以他的店一直经营惨淡，没半年时间就支撑不下去了。老板寝食难安，无奈地想把这家店低价转让出去。

就在老板为这家蛋糕店的未来焦虑的时候，店里一名负责销售的女员工向老板提了一个建议："在做好的生日蛋糕上面不要写字，而在卖出蛋糕的同时赠送一支糕点师用来在蛋糕上写字的专用工具，这样顾客就可以自己在蛋糕上写一些祝福语，即使是隐私的话也不怕被人看到了。"

原来，这名员工在卖蛋糕的时候曾经碰到过一个女顾客，想给自己的先生买一个生日蛋糕。当这名员工问她想在蛋糕上写些什么字的时候，女顾客犹豫了半天才吞吞吐吐地说："我想写上'亲爱的，我爱你！'"这名员工一下子明白了女顾客的心思，她想写一些很亲热的话，可是又不好意思让别人知道。

其实有这种想法的顾客不止她一人，因为几乎所有的蛋糕店都只会写"生日快乐"、"一生平安"之类单调的祝福词。这样千篇一律，顾客都觉得没有新鲜感。

老板觉得这个建议不错，可以尝试一下，就印发了一些传单进行宣传。没想到，在之后的一个月里，顾客比平时增加了两倍，他们都是冲着那支可以在蛋糕上写字的工具来的。这家蛋糕店的生意也红火了起来。

这名提建议的女员工还帮店里出了一些很好的主意，如上网摘录一些最好的祝福语印成小卡片送给顾客，以便顾客在写祝福语时参考等。她也因此获得了老板的赏识，成了老板的得力助手。

这名女员工通过自己在工作中的认真观察，获得一个创新的主意，从而拯救了这家难以为继的蛋糕店，获得了老板的青睐。这说明了创新有时候会成为化腐朽为神奇的灵丹妙药，它可以让一家处于破产边缘的企业重生。

创新是成大事者通向成功的捷径，是事物生存的血液，不创新就会贫血。一个不断创新的企业是打不败的，一个不断创新的人永远是一个胜利者。

08 主动承担职责之外的工作

比尔·盖茨说："一个优秀的员工，应该是一个积极主动去做事，积极主动去提高自身技能的人。这样的员工，不必依靠管理手段去触发他的主观能动性。"

主动做事、勇于负责是一个人事业成功的关键。每个人都有各种各样的机会，只要你以勇于负责的态度对待它，必定会取得成功；而那些除非别人让他做，否则绝不主动做事的人，永远不会取得突出的成就，更不会走向成功。

美国钢铁大王安德鲁·卡耐基在宾州匹兹堡铁道公民事务管理部担任小职员时，一天早晨在上班途中，他发现一列火车在城外发生车祸。

他想要打电话给上司，却联络不上。他知道每多耽误一分钟，都将对铁道公司造成非常巨大的损失。在没有办法的情况下，他以上司的名义，发电报给列车长，快速处理，并且在电报上面签下了自己的名字。他知道根据公司的严格规定，这么做等于是自动辞职。

过了几个小时，上司回到座位，发现卡耐基的辞呈，以及今天所做之事的详细情形。那一天过去了，一切都很正常。第二天卡耐基的辞呈被退回来，上面用红笔批了三个大字："不同意。"

几天之后，上司把卡耐基叫到办公室说："小伙子，有两种人永远只在原地踏步。第一种人是不肯听从命令行事；另一种人是只肯听从命令行事。"这件事情让上司明白，卡耐基比那些铁路警察有用多了。

在卡耐基的心里，不能事事都等上司做出交代，自己应该主动去做一些没有交代的事情，哪怕是冒着风险，也一定要把这些事做

好，并且敢于主动为自己所做的一切负责。

在工作中有主见、勇于承担责任、表现出自动自发精神的人，必将受到重用。在工作或者商业的本质内容发生迅速变化的今天，坐等老板指令的人将越来越力不从心。我们必须积极主动、自觉地去完成任务。

这个世界成功有很多途径，但是，缺乏主动性基本上是不会成功的。缺乏主动性，最主要的表现就是在工作中只做上级或别人交代的工作。如果没有交代，哪怕是火烧到了眉毛，他也会无动于衷，因为没有人安排他去做。这样的人没有办法说是正确还是错误，但是，在关键时刻，他绝不会挺身而出，也不要把重担放在他的身上。

王晨是一家大型企业分公司的文秘人员，平时他的工作比较轻松，因此他经常主动帮助其他同事做事。大家逐渐习惯了他的热心后，有时忙不过来的同事也会主动请求他帮忙。

王晨主动帮忙的行为经常得到大家的赞赏，但有些“好心”的同事“暗示”他：又不能多拿钱，何必这么“卖命”。但王晨总是笑着说：“大家都是同事，互相帮忙是应该的，再说我只是在工作时间内多做一点分外的事，并没有什么吃亏的地方。”

然而，正是这一简单的想法，使王晨得到了一个职业发展的重大转机。一天，王晨如往常一样完成了自己的手头工作后，跑到库房帮工人卸货。这时，一辆货车上下来一位中年男人，他一只手拎着一个大公文包和一捆资料，另一只手不断地擦汗。王晨见了赶忙过去想接过中年男人手中的公文包和那捆挺重的资料，那位中年男人连忙说不用。但王晨坚持再三，最终还是帮中年男人把公文包和资料拎到了他要去的办公室。

一个星期后，公司总部突然来了一纸调令，升任王晨为总裁助理。王晨有些目瞪口呆，不明白自己怎么突然会有这样的好事。后来经过询问才知道，那天自己帮忙拎包的那位中年男人就是公司总裁，他是下来视察各分公司运作情况的，并且凑巧搭了一次货车。王晨的热心给他留下了深刻的印象，后来逐步了解了王晨在公司的所作所为后，更是大加赞赏，于是就把王晨调了过去。

王晨之所以能得到这个机会，并非是靠运气，而是靠他主动工作的精神。如果他没有一如既往不计报酬、自动自发地工作，恐怕只凭一次给总裁拎包的机会，也是不可能得到总裁赏识的。

事实上，每一位领导都对自己的员工存在强烈的期望。他们希望员工能主动积极地去做一些需要他们做的事情，甚至超出他们工作范围的事情，利用自己的判断和思维去决策，并且为自己的行为负责。

一个人，只要能自动自发地做好一切，哪怕起点低一点，也会大有发展。因为，这样的人无论到哪里，都受老板的欢迎。

社会在发展，人们的思想也在变化，不要总以“这不是我的分内工作”为由来逃避责任。当额外的工作分配到你头上时，不妨将之视为一种机遇、一种锤炼。

09 众人拾柴火焰高

“团队精神”对任何组织来说都是极其重要的，大到一个国家，小到生活中的一个游戏，都需要每个成员具备团队精神。正是因为团队精神的存在，我们所在的这个社会才会有凝聚力。

刘邦依靠团队合作的力量打败了力拔山兮气盖世的项羽；众多世界500强企业依靠“智囊团”法则创造了一个又一个奇迹。

可如今，有许多人都信仰个人英雄主义，自认为凭借一己之力就可以打拼天下，撑起一片蓝天。因此，很多人往往会忽略应有的合作意识，不善于与人合作，而是专心致力于自己的工作，希望用自己的工作成绩来赢得老板的青睐。

但是在现代企业中，单靠一个人是无法完成一个有规模的项目的。团队的命运和利益包含着每一个成员的命运和利益。只有当整个团队的利益获得更多的时候，你的利益才会获得更多，个人的利益与团队的是紧密相关的，是不能相脱节的。因此，每个团队的成员都应该具备团队协作精神，融入团队，以团队为骄傲，尽力做好自己的本职工作，并加紧与其他的成员之间的合作。

一个优秀员工要自觉主动地把自己融入团队，站在团队的立场和角度上看问题，从团队整体利益出发，积极更正和调整自己的思想与行为，与团队步调一致，齐心协力，共创佳绩并同享胜利果实。如果各人自扫门前雪，看不到或故意割裂个人与团队的整体利益关系，那么只会导致个人和团队两败俱伤的结局。

一个老人不久将离开人世，他把三个儿子召唤到病榻前说：“亲爱的孩子，你们试试能否把这捆箭折断，我还要给你们讲讲它们捆在一起的原因是什么。”

长子拿起这捆箭，使出了吃奶的力气也没折断，“把它交给力气大的人才行。”他把箭交给了老二。二儿子接着使劲儿折，也是白费力气。小儿子想来试试也是徒劳，一捆箭一根也没折断。

“没有力气的人，”父亲说，“你们瞧瞧，看看你们父亲的力气如何？”三个儿子以为父亲在说笑，都笑而不答，但他们都误会了。老人拆开这捆箭，毫不费劲地一一折断。

“你们看，”他接着说，“这就是团结的力量。孩子们，你们要团结，用手足情意把你们拧成一股绳。这样，任何人、任何困难都打不垮你们。”老人感到自己就要撒手归西了，又对孩子们说：“孩子们，记住我的话，你们要始终团结，在临终前我要得到你们的誓言。”三个儿子一个个都哭成了泪人，他们向父亲保证会照他的话去做。父亲满意地闭上了双眼。

三兄弟清理父亲的遗物时，发现父亲留下了一笔丰厚的财产，但留下的麻烦也不少，有个债主要扣押财产，另一个邻居又因为土地要和他们打官司。

开始时，三兄弟还能协商处理，问题很快解决了。然而，各自的利益又促使他们吵着要分家。此时，债主和邻居都提出申诉，重新翻案。不团结的兄弟内部分歧更大了，互相使坏，最后他们丢失了全部家产。当想起捆在一起又被拆散的箭和父亲的教诲时，他们都后悔莫及。

三国时候，周瑜与诸葛亮的密切协作，抛弃了以前的恩怨，在面对共同的敌人——曹操时，显示了极度的气魄与胸怀，在他们的努力之下，终于打败了不可一世的一代枭雄。正是在赤壁之战结束后，奠定了三国分天下的局面。在那个战争中，每个人的作用都非常的重要。如果个人不与团队配合，那么个人的失误所引起的损失就不仅仅是个人的事情，而是事关整个团队的全局利益。因此，个人与团队一定要密切协作，才能两全其美，取得超乎寻常的成就。

一个业务专精的员工，如果仗着自己比别人优秀而傲慢地拒绝合作，或者合作时不积极，总倾向于一个人孤军奋战，这是十分可惜的。如果你能善于合作，把自己融入整个团队当中，凭借整体的力量，你就能把自己所不能完成的工作任务解决好，老板会因此对你高看一眼，从而提拔你。

正如俗语所说的，“众人拾柴火焰高”“团结就是力量”“拧成一股绳”“积沙成塔”“积水成渊”，等等，可见团队合作多么重要！只有团队成员充分沟通配合、心心相通、协调默契，才能形成强大的阵势与气势，才能攻关夺隘，无往而不胜。

一个人只有自主地融入团队，才能更好地发挥自身的才干和能量。一滴水融入大海，才能更显现出自身威力，也才能更好地保护自己；一棵小草只有置身于茫茫草原，才更显现出自己的盎然绿意与生机，也才能争取到更好的生存环境和条件。在当今市场竞争白热化且变幻莫测的情势下，团队合作才可能增加胜算几率。唯有团队合作，个人和公司才会有出路，才会有美好前程，否则，一切将不堪设想，结局也会是很悲惨的！

第三章
好人缘才能办好事

大凡人缘好的人，都有一副热心肠，像一团火。他们与人相处，谦和有礼，态度热情，和颜悦色，满面春风，每每留下和蔼可亲、平易近人的良好印象。这看起来似乎是小事，不足挂齿，其实影响很大。当你对人奉献一丝真诚善意的微笑时，那是对他尊敬、喜欢的最直观的表示，它可以使对方感到快慰，拥有美的享受，进而对方会对你作出积极的评价，更对你方圆做人产生积极的影响。

01 记住别人的名字

在社交中记住他人的名字很重要。自己的名字在社交中非常重要，换位思考，别人的名字在社交中也格外重要。人们都渴望被他人尊重，而记住别人的名字，则会给人受尊重的感觉。因此，在交往中，记住别人的名字很容易让人对你产生好感。记住对方的名字，而且很轻易就叫出来，等于给予别人一个巧妙而有效的赞美。若是把人家的名字忘掉，或写错了，你就会处于一种非常不利的地位。

卡尔曾在巴黎组织过演讲的课程，为此给城市中所有居民发过一封印刷信。由于信的数量太多，打字员在输入姓名时出现了错误，将一家大银行的经理的名字打错了。为此，卡尔收到了这位经理传来的一封责备信。可见，记住别人的名字是多么的重要！

你知道“钢铁大王”卡耐基成功的原因吗？

他虽然被称为“钢铁大王”，但是他自己却对钢铁制造懂得很少。他手下有几百人，都比他了解钢铁。

但他知道如何与人相处——这就是他致富的原因。在早年，他就表现出组织的才能、领袖的天才。10岁的时候，卡耐基就发觉了人们对于名字的惊人重视。他利用这一发现去获得与人合作的机会。当他是苏格兰的一个小孩童时，曾得到一只公兔和一只母兔。不久他就有了一窝小兔，可是没有东西喂它们。但他有一个聪明的主意，他告诉邻近的孩子们说，如果他们愿意出去采集充足的蒲公英与金花菜喂兔子，他可用他们的名字命名兔子。

这一方法太有效了，卡耐基永远也忘不了。

多年以后，卡耐基在商业上应用同样的心理学原理，并因此获得了巨额利润。他要将钢铁路轨售予宾夕法尼亚铁路。汤姆生当时是宾夕法尼亚铁路局的局长。所以，卡耐基在匹兹堡建造了一所大钢铁厂，命名为“汤姆生钢铁厂”。

意大利商业股份有限公司的董事长班顿拉夫认为，公司愈大，就愈冷酷。他认为唯一能使它温暖一点的办法，就是记住别人的名字。假如有个经理告诉我，他无法记住别人的名字，就等于告诉我，他无法记住他一个很重要的工作，而且是在流沙上做着他的工作。

洛杉矶的玛丽，是一位环球航空公司的空服员。她经常练习记住她机舱里旅客的名字，并在为他们服务时称呼他们，这使得她备受赞许。有位旅客曾写信给航空公司说："我好久没有乘坐环球航空的飞机了，但从现在起，一定要环球航空的飞机我才会乘坐。你们让我觉得你们的航空公司好像是专属化了，而且这对我有很重要的意义。"

人们对自己的名字如此重视，不惜以任何代价使他们的名字永垂不朽。即使盛气凌人脾气暴躁的RT.巴南，也曾因为没有子嗣继承巴南这个姓氏而感到失望，他愿意给他外孙子CH.西礼25000美元，如果后者愿意改称巴南·西礼的话。

200年前，富人常以金钱来换得作家将书献给他们。

图书馆、博物馆的丰富藏书，常从一些不愿自己的姓名日后被人遗忘者处得来，纽约公共图书馆有爱斯德与李诺克斯的藏书，京都博物馆永留着爱德门与马根的名字。几乎每座教堂都缀着彩色玻璃窗，纪念着捐赠人的姓名。

多数人不记得别人的姓名，只因为他们没有下必要的功夫与精力把姓名牢记在心。他们给自己找借口：他们太忙。

但他们不会可能比富兰克林·罗斯福更忙，而他却花时间去记忆，并且说得出每个人的名字，即使是他只见过一次的汽车机械师。

记住别人的名字，可以使你在人脉上畅通无阻。你知道对方的名字，说明你们以前有过交往，你能喊出对方的名字，说明了他在你心目中的分量。谁都愿意让别人重视自己，记住自己，你喊出对方的名字，恰恰满足了对方的这一心愿。投桃报李，对方也会重视你的名字的，并且会心怀愧疚地想：“上次是人家主动叫出了我的名字，我却忘了人家叫什么，这次一定要记清楚，下次见面不要太尴尬了！”对方就会把你的名字刻在心里了。

一个人的姓名，对他来说是语言中最甜蜜、最重要的声音。不论面对的是大人物或小人物，能够记住对方的姓名，就容易赢得好感。因为姓名代表一个人的自我，只有在自我受到尊重的时候，人们才会感觉快乐。

02 记得给别人留面子

面子是人们一种表面上的荣耀感，一种自尊心的满足，面子就是尊严。人们对面子有一种本能的保护反应，对于伤害自己面子的人有一种本能的敌意，对于维护自己面子的人有一种本能的好感。

有一次，卓别林准备扮演古代一位徒步旅行者。正当他要上场时，一位实习生提醒他说："老师，您的草鞋带子松了。"

卓别林回了一声："谢谢你呀。"然后立刻蹲下，系紧了鞋带。

当他走到别人看不到的舞台入口时，却又蹲下，把刚才系紧的带子松开了。显然，他的目的是，以草鞋的带子都已松垮，试图表达一个长途旅行者的疲劳状态。演戏能细腻到这样，确实说明卓别林具有许多影视明星不具有的素质。

当他解松鞋带时，正巧一位记者到后台采访，亲眼看见了这一幕。戏演完后，记者问卓别林："您该当场教那位弟子，他还不懂演戏的技巧。"

卓别林答道："别人的好意必须坦率接受，要教导别人演戏的技能，机会多的是。在今天的场合，最要紧的是要以感谢的心去接受别人的好意，并给以回报。"

美国成功学大师戴尔·卡耐基在他的《人性的弱点》一书中，讲述了他批评他的秘书的技巧：

"数年前，我的侄女约瑟芬，离开她在堪萨城的家到纽约来充任我的秘书。她当时19岁，3年前由中学毕业，她的办事经验稍多一点，现在她已经成了一位完全合格的秘书。……当我要使约瑟芬注意一个错误的时候，我常说：'你做错了一件事，但天知道这事并不比我所做的许多错误还坏。你不是生来具有判断能力的，那是由经验而为；你比我在你的岁数时好多了。我自己曾经犯过许多愚鲁不智的错误，我有绝少的意图来批评你和任何人。但是，如果你如此做，你不是更聪明吗？’”

直言直语是人生幸福定律的大忌，因为这很有可能伤害到对方的面子，使人际关系陷入窘境。一定要懂得话到舌边留三分、话到口边绕个弯，说话切不可太直，一定要顾及对方的脸面，让别人有可下的台阶。

下面是会计师马歇尔·格兰格写给卡耐基的一封信的内容：

“开除员工并不是很有趣，被开除更是没趣。我们的工作是有季节性的，因此，在3月份，我们必须让许多人走。

“没有人乐于动斧头，这已成了我们这一行业的格言。因此，我们演变成一种习俗，尽可能快地把这件事处理掉，通常是这样说的：‘请坐，史密斯先生，这一季已经过去了，我们似乎再也没有更多的工作交给你处理。当然，毕竟你也明白，你只是受雇在最忙的季节里帮忙而已。’等等。

“这些话给他们带来失望以及‘受遗弃’的感觉。他们之中大多数一生皆从事会计工作，对于这么快就抛弃他们的公司，当然不会怀有特别的爱心。

“我最近决定以稍微圆滑和体谅的方式，来遣散我们公司的多余人员。因此，我在仔细考虑他们每人在冬天里的工作表现之后，一一把他们叫进来，而我就说出下列的话：‘史密斯先生，你的工作表现很好(如果他真是如此)。那次我们派你到纽华克去，真是一项很艰苦的任务。你遭遇了一些困难，但处理得很妥当，我们希望你知道，公司很以你为荣。你对这一行业懂得很多，不管你到哪里工作，都会有很光明远大的前途。公司对你有信心，支持你，我们希

望你不要忘记！’

“结果呢？他们走后，对于自己的被解雇感觉好多了。”

有一位女士在一家公司任市场调研员，她接下第一份差事是为一项新产品做市场调查。她说道：

“当结果出来的时候，我几乎瘫倒在地，由于计划工作的一系列错误，导致整个事情失败，必须从头再来。更不好对付的是，报告会议马上就要开始，我已经没有时间了。

“当他们要求我拿出报告时，我吓得不能控制自己。为了不惹大家嘲笑，我尽量克制自己，因为太过紧张了。我简短地说明了一下，并表示我需要时间重新来做，我会在下次会议时提交。然后，我等待老板大发脾气。

“结果出人意料，他先感谢我工作踏实，并表示计划出现一些错误，在所难免。他相信新的调查一定准确无误，会对公司产生很大帮助。他在众人面前肯定我，让我保全了颜面，并说我缺少的是经验，而不是工作能力。

“那天，我挺直胸膛离开了会场，并下定决心不再犯错误。”

懂得在细节上尊重别人的人才会受欢迎。

1917年1月4日，一辆四轮马车驶进北京大学的校门，徐徐穿过园内的马路。这时，早有两排工友恭恭敬敬地站在两侧，向刚刚被任命为北大校长的传奇人物蔡元培鞠躬致敬。只见蔡元培走下马车，摘下自己的礼帽，向这些校园里的工友们鞠躬回礼。在场的人都惊呆了，这在北京大学是从来没有的事情，北大是一所等级森严的官办大学。校长享受内阁大臣的待遇，从来就不把这些工友放在眼里。像蔡元培这样地位显赫的人向身份卑微的工友行礼，在当时的北大乃至全国都是罕见的现象。北大的新生由此细节开始，树立了一面如何做人的旗帜。

有时候，给别人留面子能更好地解决人和人之间的问题。有一位夫人，她雇了一个女仆并告诉她下星期一上班。这位夫人给女仆以前的主人打过电话，知道她做得不好。当女仆来上班的时候，这位夫人说："亲爱的，我给你以前做事的那家人打过电话，她说你不但诚实可靠，而且会做菜，会照顾孩子，但她说你不爱整洁，从不将屋子收拾干净。现在我想她是在说瞎话，你穿得很整洁，谁都可以看得到。我相信你收拾屋子一定同你的人一样整洁干净。我们也一定会相处得很好。"

后来她们真的相处得很好。女仆要顾全高尚的名誉，并且她真的顾全了。她多花时间打扫房子，把东西放得井然有序，没有让这位夫人对她的希望落空。

总之，保留别人的面子是非常重要的，然而在我们之中又有多少人肯花时间好好考虑一下！我们只顾自己任意践踏他人的感情，挑剔并且滥用权威，甚至当众使别人下不了台，丝毫不考虑会伤及他人的自尊。其实，只要真诚地抱着理解他人的态度，花上几分钟斟酌一下自己的语言，这样，就会有意想不到的收获。

03 多个朋友多条路

朋友是一生中的宝贵财富，值得所有人珍惜。人是有感情的动物，在日常生活中，需要充分的感情交流，这时候友情就显得尤为重要。不仅如此，朋友也是人生中的一个好帮手，友谊能获得一种强大的力量。在一个人不能完成任务时，朋友总会给予及时的帮助，帮你渡过难关，战胜挫折，听你倾诉苦恼，同时分享你成功的喜悦。

某网上曾经报道过一个成功企业家的经历：他既没有学历，也没有金钱，更没有人事背景，却凭借自己的不断努力，成为一个拥有资金超过10亿美元的企业家。那么，到底是何种因素决定了他的成功呢？

后来，这位企业家的一个朋友回忆说：“

那天晚上，我、他、他太太3个人坐在一起闲聊，话题无意间转到他以前艰苦奋斗的情形。他当时曾很严肃地说：‘像我这样既无学历，又没财力，更没有人事背景的人，能有今天的成就，实在有不足与外人道的辛苦。’任何人处在他的环境都会说出同样的话。但是，停了一会儿，他又接着说：‘像我这样一无所有的人，如果要与别人来往，就必须令对方感到和我来往会得到某些方面的愉快与益处。’”

其实，这位企业家学历、金钱、背景3个要素，什么也不具备。这样的人，要取得事业的成功不知要比别人付出多少倍的艰辛和汗水，正是凭借非凡的毅力和意志，学到了与人交往之道，拓展了自己的社交圈，结交了各种各样的朋友，才为他后来事业的成功准备了良好的人脉。

俗话说：“多个朋友多条路。”在生活中，谁都难免会遇到困难，如果没有朋友的帮忙，会使自己孤立无援，得不到帮助，无法渡过难关。一个人为防遇到不测，平时就多注意结交朋友，如果在遇到困难时才想让别人伸出援助之手，就会为时已晚。

也许你会遇到曾在同一医院里的病人；也许你会遇到一起参加研讨会的朋友；更可能遇到离开公司10年、20年的朋友。这些人都是你结交的有利对象，尤其是同学关系最值得珍惜。此外，由亲戚介绍给你的朋友也是很好的结交对象。

一个人要想拥有丰富的人脉资源，就不能被动等待别人来认识自己，拉拢自己。结交朋友很多时候也是一种机遇，机遇是需要自己主动把握的，当机遇出现在你面前的时候你不能抓住，那就没有任何人能帮助你。想拥有资源丰富的人际关系网，却又不积极行动，你是不会有任何收获的。

每个人都是一个丰富的世界，每个人的经历都是一部精彩的小说。假如我们能与陌生的人发展友情，了解一下他们的内心世界，一定会有许多新奇的感受，学到许多有用的知识，就能产生一种赏心悦目的快乐。

人在旅途，如果是单枪匹马，往往是寂寞乏味的，两个人一起旅行就会有互相照顾的同伴了，而3个人的旅行就充满了欢乐和阳光。

每个人都有各自的性格特点，在人与人交往中，如果我们要结交更多的朋友，就要与不同性格的人交往。“横看成岭侧成峰，远近高低各不同”，对于一个性格不同的人，我们要从不同的角度去看，这样我们看待问题就比较客观，才不会以主观的意志去盲目地衡量人、判断人。

04 原谅他人的错误

路易斯·密得说：“也许在很久以前，有人伤害了你，而你却忘不了那件不愉快的往事，到现在还痛苦不堪，那就表示你还继续在接受那个伤害。其实你是无辜的，你要了解到，你并不是唯一有这种经验的人。赶快忘掉这不愉快的记忆，只有宽恕才能释放你自己，让你松一口气。”

有一个人很幸运地获得了一颗硕大而美丽的珍珠，但他并不感到满足，因为在那颗珍珠上面有一个小小的斑点。他想若是能够将这个小小的斑点剔除，那么它肯定会成为世上最珍贵的宝物。于是，他就下狠心削去了珍珠的表层，可是斑点还在；他又削去第二层，原以为这下可以把斑点去掉了，殊不知它仍然存在。他不断地削掉了一层又一层，直到最后，那个斑点没有了，而珍珠也不复存在了。那个人痛心不已，并由此一病不起。在临终前，他无比懊悔地对家人说："若当时我不去计较那一个斑点，现在我的手里还会攥着一颗美丽的珍珠啊。"

有个小伙子和朋友外出喝酒，晚上12点多回到工厂宿舍之后，他并未立即上床就寝，而是准备吃点心。灯光影响到同宿舍的其他同事，其中有一名李姓同事平时与他在工作中有矛盾，这时又看见他打扰别人睡觉，于是怒气顿生，大声指责起小伙子来，双方因而发生争吵。

争吵之际，两人打了起来。李姓同事从床下拿出一根木棒殴打这位喝了酒的小伙子，使其头部受伤，但小伙子也不甘示弱，马上从床铺底下取出一把水果刀往李姓同事的腹部猛刺数刀，直到对方倒地为止。

事后同事们随即将李姓同事送医院急救，最后仍因伤重不治而亡。而小伙子发现事态严重，急忙收拾行李准备离开，但被及时赶到的警察逮捕移送法办。

没有人愿意受到别人的指责，尤其是不怀好意的责骂，这种无端的责骂只会引起对方的反击。同样，当你在指责对方时，对方一定会变本加厉地回报你，双方你来我往，很可能演变为激烈的冲突，从而造成无法收拾的局面。

无论对何人，都应该有一颗宽容的心，能够容忍别人的错误，尤其是对待自己的亲人、朋友，更应如此。要避免自己成为一个心胸狭窄的人，那样的人是不受欢迎的，也交不到朋友。要避免这一点，就必须将宽容他人的错误当做一种习惯。

05 关键时刻拉人一把

人的一生不可能一帆风顺，难免会碰到失利受挫或面临困境的情况，这时候最重要的就是别人的帮助，这种雪中送炭般的帮助会让他人记忆一生。

世上有两种帮助，一种是随便帮帮，一种是一帮到底。前一种帮助也是帮助，也能够给人带来好处，但它不算真正的帮助，因为这种随便的帮助总是在关键的时候就不管用了。后一种帮助才是真正的帮助，是帮他人彻底解决实际困难的帮助。我们常用“两肋插刀”来形容朋友之间很深的情义，当朋友有难时，我们能够不顾一切地去帮助他，这才是真正的帮助。

古代有一个人叫荀巨伯，有一次去探望朋友，正逢朋友卧病在床。这时恰好敌军攻破城池，烧杀掳掠，百姓纷纷携妻挈子，四散逃难。朋友劝荀巨伯：“我病得很重，走不动，活不了几天了，你自己赶快逃命去吧！”荀巨伯却不肯走，他说：“你把我看成什么人了，我远道赶来，就是为了来看你。现在，敌军进城，你又病着，我怎么能扔下你不管呢？”说着便转身给朋友熬药去了。朋友百般苦求，叫他快走，荀巨伯却为他端药倒水，安慰他：“你就安心养病吧，不要管我，天塌下来我替你顶着！”

这时“砰”的一声，门被踢开了，几个凶神恶煞般的士兵冲进来，冲着他喝道：“你是什么人？如此大胆，全城人都跑光了，你为什么不跑？”

荀巨伯指着躺在床上的朋友说：“我的朋友病得很重，我不能丢下他独自逃命。”并正气凛然地说：“请你们别惊吓了我的朋友，有事找我好了。即使要我替朋友死，我也绝不皱眉头！”

敌军听着荀巨伯的慷慨言语，看看荀巨伯的无畏态度，很是感动，说：“想不到这里的人如此高尚，怎么好意思侵害他们呢？走吧！”说着，敌军撤走了。

在当别人有困难的时候，伸出援助之手；要有与他人同甘共苦，心里装着他人冷暖的情感；富有同情心和怜悯心，做扶危解困的“及时雨”。

在关键时刻帮人一把，别人也会在重要时候助你一臂。要想让别人将来帮助你，你就必须先付出精力去关心别人、感动别人，这样才能赢得别人回报的资本。因此，高明的为人技巧就是急人之难，解人于倒悬之中。

一天，一个贫穷的小男孩为了攒够学费正挨家挨户地推销商品，劳累了一整天的他此时感到十分饥饿，但摸遍全身，却只有一角钱。怎么办呢？他决定向下一户人家讨口饭吃。当一位美丽的年轻女子打开房门的时候，这个小男孩却有点不知所措了，他没有要饭，只乞求给他一口水喝。这位女子看到他很饥饿的样子，就拿了一大杯牛奶给他。男孩慢慢地喝完牛奶，问道：“我应该付多少钱？”年轻女子回答道：“一分钱也不用付。妈妈教导我们，施以爱心，不图回报。”男孩说：“那么，就请接受我由衷的感谢吧！”说完男孩离开了这户人家。此时，他不仅感到自己浑身是劲儿，而且还看到上帝正朝他点头微笑，那种男子汉的豪气像山洪一样迸发。其实，男孩本来是打算退学的。

数年之后，那位年轻女子得了一种罕见的重病，当地的医生对此束手无策。最后，她被转到大城市医治，由专家会诊治疗。当年的那个小男孩如今已是大名鼎鼎的霍华德·凯利医生了，他也参与了医治方案的制定。凯利医生一眼就认出床上躺着的病人就是那位曾帮助过他的恩人。回到自己的办公室，他决心一定要竭尽所能来治好恩人的病。从那天起，他就特别地关照这个病人。

经过艰辛努力，手术成功了。凯利医生要求把医药费通知单送到他那里，在通知单的旁边，他签了字。当医药费通知单送到这位特殊的病人手中时，她不敢看，因为她确信，治病的费用将会花去她的全部家当。最后，她还是鼓起勇气，翻开了医药费通知单，旁边的那行小字引起了她的注意，她不禁轻声读了出来："医药费——一满杯牛奶。"

古人云："将欲取之，必先予之。"这句话道出了人生的真谛。你要想"成"，就要先用"功"；你要想摘取树上的果实，就必须先要给树浇水、施肥；你若想在工作上干出成绩，就必须先要付出心血和汗水；你要想得到别人的帮助，就必须先要去帮助别人；你要想得到别人的爱，就必须先要爱别人。

德皇威廉一世在第一次世界大战结束时，可算得上全世界最可怜的一个人，可谓众叛亲离。他只好逃到荷兰去保命，许多人对他恨之入骨。可是在这时候，有个小男孩写了一封简短但流露真情的信，表达他对德皇的敬仰。这个小男孩在信中说，不管别人怎么想，他将永远尊敬他为皇帝。德皇深深地为这封信所感动，于是邀请他到皇宫来。这个男孩接受了邀请，由他母亲带着一同前往，他的母亲后来嫁给了德皇。

所谓患难，主要是指个人遇到的困难，遭到的不幸。摆脱困难，战胜不幸，不能完全依赖组织，要靠我们自己的力量，要借助友谊的力量。

人与人之间的交往是一种平等互惠的关系，也就是说，你对别人怎么样，别人就会怎样对你。正所谓“投之以桃，报之以李”。一个人只有大方而热情地帮助和关怀他人，他人才会给你以帮助。所以你要想得到别人的帮助，你自己首先必须帮助别人。

当朋友遇到了困难的时候，应该伸出友谊的双手；当朋友生活上艰窘困顿时，要尽自己的能力，解囊相助。对身处困难之中的朋友来说，实际的帮助比甜言蜜语强一百倍，只有设身处地地急朋友所急，帮朋友所需，才能体现出友谊的可贵。

伸出你的手，更重要的是在关键时刻。在别人最需要帮助的时候拉人一把，这样在你最需要的时候也会得到对方的帮助！

06 吃亏是福

很多人什么都想吃，就是不想吃亏，见到好处就捞，遇到便宜就占，即使是蝇头小利，见之也会心跳眼红手痒，志在必得。世上没有白占的便宜，同样，世上也没有白吃的亏。

吃亏是福，因为人都有趋利的本性，你吃点亏，让别人得利，就能最大限度地调动别人的积极性，使你的事业兴旺发达。

曾经重组国嘉实业达到借壳上市的北京和德集团，借壳之前是个传统的进出口公司，从1994年开始，短短三四年间，资产从3个亿发展到30个亿，主要就是靠鱼粉进出口生意。鼎盛时期的和德，是世界上进出口鱼粉贸易量最大的企业，在国内的市场份额达到了85%的垄断地位。

它为什么能有这样的规模？价格是关键！和德的报价永远是同行业中最低的，它出售的鱼粉每吨销售价比进价要低将近100元左右。

这样的生意岂不是越做越赔？其实不然。一方面，和德要求所有的买家在签订购买合同的同时预先支付40%~50%的订金，合同一般都是3个月以上的远期合同。这样，就有50%的货款至少提前90天进入和德的账户。然后在国外出口商发出装船通知单之后支付另外50%的货款。在将近30天的行船时间内，和德就可以白白占用大量资金。另一方面，由于和德在业内的绝对垄断地位，使得它在银行的信用很高，又可以在不具备任何抵押的情况下，获得180天的信用证额度。两者相加，和德在一年里就有至少大半年的时间可以有大量买方和卖方的资金在账。

有了钱就好办事，仅仅是用这部分资金进行一级市场上的新股认购，20%甚至更高的投资收益率就完全可以弥补在鱼粉贸易中的损失。至于账面上的亏损而省掉的税金，还有大量的货物贸易使它在与保险公司、银行、码头等方面谈判时占据的优势，则更是外人看不到的。

和德的董事长毕福君，后来虽然因为盲目进军高科技而落败，但在饲料进出口方面却算得上是英雄，用他的话来说：“经商其实很简单，就是三个字——卖！卖！卖！”

大量的销售才能保证大量的现金流，而大量销售的秘诀就是让利。

“吃亏就是占便宜”，这一点年轻人一定要牢记，因为这是累积工作经验、提高做事能力、扩张人际网络的最好方法，如果样样都想占便宜，那就不要怕吃亏！

吃亏是福，在做生意的时候，当消费者对你的商品感到陌生，并不接受的时候，这时不妨吃一些小亏，无偿为他们提供或免费赠送，当他们接受的时候，再占领这个市场，不失为一个好的策略。但是吃亏也是有技巧的，会吃亏的人，亏吃在明处，便宜占在暗处，让你被占了便宜还感激不尽，这也是经商的智慧。

07 与人为善

在这个世界上，人与人之间许多东西是互动的，与人为善，你就会受到生活的眷顾；与人为善，你的人际关系会越来越融洽。

巴顿是美国著名的战将，但他毫无城府，爱放“大炮”，不但使上司颇为难堪，而且自己也失去了不少人缘，被同事们称为“和平时期的战争贩子”。

1925年，巴顿到夏威夷的斯科菲尔德军营担任师部的一级参谋。一年后，他被升为三级参谋。巴顿的工作主要是负责对战术问题和部队的训练提出建议并进行检查，但他经常越权行事。

1926年11月中旬，他观看了第22旅的演习，对这次演习非常不满。他直接向旅指挥官递交了一份措辞激烈的意见书。他的这种做法是纪律所不允许的，因为他只是一名少校，无权指责一名准将指挥官。这样一来，他便招致了上司的非议和怨恨。但巴顿并未吸取教训。1927年3月，在观看了一场营级战术演习后，他又一次大发其火。他指责营指挥官和其他人员缺少训练，准备不足，没有达到预定的目标。虽然这次他很明智地请师司令部副官代替师长签了名，但其他军官心里很清楚，这又是巴顿搞的鬼，所以联合起来一致声讨巴顿。众怒难犯，师长没有办法，只好把这位爱放大炮的参谋从三级参谋的位置上撤下来，降到二级。

巴顿不懂得与人为善的道理，仗着自己有一些思想和能力，就处处与人作对，竟然还随意指责上级。这样的人当然是众人的“眼中钉”，大家都恨不得早点除掉他，所以虽然巴顿有真才实干，但是他不与人为善的作风，触犯了众怒，最终师长无奈地让他降职了。

据说，某犯人被单独监禁。有一天，他忽然嗅到了一股万宝路香烟的香味。于是，他走过去，通过门上一个很小的缝隙，看到门廊里有个卫兵深深地吸了一口烟，然后美滋滋地吐出来。

这个囚犯很想要一支香烟，所以，他用手客气地敲了敲门。卫兵慢慢地走过来，傲慢地喊：“想要什么？”囚犯回答说：“对不起，请给我一支烟……就是你抽的那种：万宝路。”

卫兵错误地认为，囚犯是没有权利的，所以，他用嘲弄的神态“哼”了一声，就转身走开了。

这个囚犯却不以为然，他认为自己有选择权，他愿意冒险检验一下自己的判断，所以他又敲了敲门。这回，他的态度是威严的，和前一次明显不同。

那个卫兵吐出一口烟雾，恼怒地转过头，问道：“你又想要什么？”囚犯回答道：“对不起，请你在30秒之内把你的烟给我一支。不然，我就用头撞这混凝土墙，直到弄得自己血肉模糊，失去知觉为止。如果监狱当局把我从地板上弄起来，让我醒过来，我就发誓说这是你干的。当然，他们绝不会相信我。但是，想一想你必须出席每一次听证会，你必须向每一个听证委员证明你自己是无辜的，想一想你必须填写一式三份的报告，想一想你将卷入的事件吧——所有这些都只是因为你拒绝给我一支劣质的万宝路！就一支烟，我保证不再给你添麻烦了。”

最后，卫兵只好从小窗里塞给他一支烟。为什么呢？因为这个卫兵马上明白了事情的得失利弊。

这个囚犯看穿了卫兵的弱点，因此达成了自己的要求：获得一支香烟。

恃才傲物、无视他人，便会失去人缘，从而也就失去了事业的一半。与人为善，以一颗宽容之心、以一种海纳百川的胸怀接近朋友，无论遇到什么事情，多站在对方的立场考虑，你可能就会发现，你变成了别人肚子里的蛔虫，他的所思所想、所喜所忌，都进入你的视线中。

08 欣赏他人的长处

人人都渴望别人欣赏自己，要别人欣赏自己，你首先得学会欣赏别人。欣赏别人，是理解，是沟通，是信任，是肯定，是激励，是鼓舞！欣赏别人，可以使人扬长避短，更健康地成长，同时也使别人对自己更加尊敬。

有两个年轻人张三和李四一同去赴一个宴会。

当他们走过一条河流时，一只螃蟹爬过来说："让我跟你们一同去吧，我想看看人类的宴会是什么样子，我不会给你们添麻烦的，我走路很快。如果你们遇到什么麻烦，我还可以帮助你们。"

"去去去！看你那样子，横七竖八的，离我远点吧。即使我们真的遇上了麻烦，你也帮不上什么忙。"张三不耐烦地说。

"你的模样是世界上独一无二的，我很乐意带着你，你跟我走吧，朋友。"李四说。

螃蟹高兴地跟在李四后面。

当他们翻过一座山时，一只跛腿的狐狸跑过来说：“请带上我吧，我想去看看人类的宴会是什么样的，我虽然是一只跛腿的狐狸，但说不定我会帮上你们什么忙。”

“离我们远点，瞧你那模样，又跛又骚，熏死我了，快走开。”张三掩着鼻子对狐狸怒喝道。

“你的模样是世界上独一无二的，我很高兴带着你，你跟我走吧，朋友。”李四又说。

跛腿狐狸感激地跟在李四后面。

当他们经过一个稻谷场时，一根稻草绳跑过来说：“让我跟你们走吧，我想去看看人类的宴会是什么样子，我不会连累你们的，我走路很快。”

“去去去，看你那模样，瘦骨嶙峋的，还拖着一条长长的尾巴，你一定是世界上最难看的东西了，还是离我远远的吧，不然，我一把火烧了你。”张三厌恶地对稻草绳说。

“你的模样是世界上独一无二的，你跟我走吧，我很乐意带你去参加朋友们的宴会。”李四和蔼地对稻草绳说。

稻草绳感激万分，它紧紧地跟在李四的后面。

张三和李四来到朋友家。朋友不在，从屋里出来一只熊。熊说：“我已经在昨天把这个屋子里的主人吃掉了，今天专门等着你们俩呢！”说完张开大口，扑向张三，一口咬断了他的脖子。

待它扑向李四时，跛腿狐狸连忙放出一个臭屁，熏得那只熊头昏脑涨，正晃悠间，稻草绳上前紧紧地捆住了它，螃蟹上前夹断了它的喉咙，夹断了它的舌头，夹瞎了它的双眼。

李四上前剥了熊皮，把熊掌煮熟吃了，然后扛着熊皮，带着他的3个朋友，回家去了。

学会欣赏别人是一种豁达风度。“海纳百川，有容乃大。”人无完人，每个人都有自己的长处和短处。对此，妄自菲薄和恃才傲物都是不可取的，它只会使人沦于平庸。而正确地欣赏别人就会使平庸变得优秀，使自卑变得自强，使消沉变得进取，使自满变得谦逊。

一个暖洋洋的中午，丽莎和爸爸在公园散步。正走着，丽莎看见一个滑稽的老太太，很不合时宜地裹着大衣，围着围巾。丽莎轻轻地拽了一下爸爸说：“爸爸，你看那个老太太的样子多可笑啊！”

哪知爸爸的表情却特别严肃，他沉默了一会儿说：“丽莎，我突然发现你缺少一种本领——欣赏别人的本领。这证明你在与别人的交往中少了一份真诚和友善。那位老太太穿得很厚，也许是因为她大病初愈，身体还不太舒服。可你看她热爱春天，热爱大自然，你不认为这很让人感动吗？”

说完，爸爸领着丽莎走到那位老太太面前，微笑着说：“老太太，你欣赏春天时的神情真令人感动，你使春天变得更美好了！”

那位老太太听后激动地说：“谢谢您，先生。”说着，还从提包里取出一小袋甜饼递给了丽莎，说：“可爱的小姑娘，这个给你……”

事后，爸爸对丽莎说：“一定要学会真诚地欣赏别人，因为每个人都有值得我们欣赏的优点。当你这样做的时候，你就会获得很多的朋友。”

欣赏别人的长处，能开阔你的胸怀，让你的心态越发的趋于良好，从而在你的生活、学习、工作中发挥出好的影响。

09 人无信不立

诚信是人之为人的基本道德素质。一个讲诚信的人首先是一个诚实待己的人，一个敢于面对自我真实面目的人。这样的人能全面客观地审视自我，既不妄自尊大、自欺欺人，也不妄自菲薄、自我贬低。拥有诚信品质的人总能看到他人看不到的事实，总能达到别人达不到的成功。所以，具备了诚信的品质，就能把成功握在手中。

有这样这一则故事：

一个年轻人带上7个包囊：金钱，快乐，地位，美貌，荣誉和诚信坐船去旅行。途中，遇上了暴雨，船夫要他丢下一个包囊，减轻重量后才可渡难关，他想了想：抛金钱？不，没什么别没钱；荣誉？不，身前身后名……最后，他抛弃了“诚信”，可他翻船了……所以，没了诚信，金钱是身外的，地位是虚假的，美貌是没用的，快乐是短暂的，荣誉是空空的。

由此可见，诚信是金。

诚信看似简单，其实要做到却不是一件容易的事。在茫茫的商海里，会有很多人靠投机倒把获得了一时的利益，但这种利益的获得，机会太小，并且只可能在短时间内。不讲诚信的人，最终都会被市场经济规则无情地淘汰。

一个叫赵二的年轻人，被集市上一家叫做“实惠酒家”的小酒馆雇用为掌柜。酒家的老板允诺给赵二一定比例的利润分成。于是，赵二便全身心投入希望把酒馆弄好。

开始的时候，赵二秉承实惠酒家的“实惠”二字，小酒馆的东西卖得确实很实惠，大大的碗，又香又醇的米酒，而且价钱很便宜。无论是过路的生意人，还是来赶集的老百姓都愿意到酒馆里坐一坐，喝一碗米酒，解解渴，歇一歇。每天从早晨开张到晚上关门，客人总是爆满，伙计们忙得团团转。有时候，不到天黑，酒就卖完了。

赵二看在眼里，乐在心里。可是手工作坊，每天就只能酿那么多酒，没办法扩大规模，赵二的分成也就比较有限。于是他就动了心眼。

第二天，大碗变成小碗，价钱还是大碗的价钱。

赵二说："客官，这是新配方，酒里加了名贵的中草药，喝了可以治病的。"

客人们都是老主顾，不但相信赵二的说的话，而且还帮忙宣传。客人不但没有少，反而比以前更多了。一连几天酒都不够卖，赵二又多赚了不少钱。

赵二尝到了甜头，就又想出一个主意，往酒里加水，开始的时候加得少，客人觉察不出。于是赵二胆子越来越大，水越加越多。

几天过后，客人越来越少。再后来，伙计们干脆闲着没事干了。赵二不但收入锐减了不少，还被老板下了最后通牒，如果再不能够把生意做好，就必须离开酒馆。

一天，赵二坐在空空的酒馆里发呆，这时走进一个白胡子老大爷，赵二赶紧跑上前去招呼客人。老头儿一边喝酒，一边问："年轻人，这店里怎么这么冷清啊？"

赵二很无奈地摇了摇头。

老头儿接着说："其实开店是有秘方的。"

赵二赶紧把头凑过去问："什么秘方，请您告诉我，要多少钱都行。"

老人仍不慌不忙地讲："有一个诚实的人，本来很穷，在别人的帮助下开了个小饭馆，不久就家财万贯。别人问他有什么秘方吗？他回答：的确有秘方，那就是一份菜中赚一文钱。"

赵二听了，惭愧地低下了头。

老头儿又说："拿纸笔过来，我给你开个治疗'酒馆冷清病'

的药方。”

赵二乖乖地拿出纸笔来，老头儿提笔写了两个字，写完就走了。

赵二拿起来一看，是“诚信”二字。

赵二猛然醒悟，于是建议老板把酒馆的名字改成：“只赚一文钱”，从此诚实经营，坚持一碗酒只赚一文钱。没过多久，生意又兴隆起来。他的饭碗自然也就保住了。

任何情况下，牺牲诚信来获取利益总是一时的，不但难以长久，也终将给个人带来不可预知的损失。

成龙是一位获得巨大成功的演员，他在全世界拥有2.9亿铁杆影迷，还把手印留在了好莱坞星光大道上。不过，他年轻时只是在香港影视界做“臭武行”，直到几年后才开始担当主角。当时有人请他出演另一个剧本的主角，愿意替他出10万元违约金，同时给了他一张100万元的支票。成龙拒绝说：“不能因为100万就失信于人，大丈夫一诺千金。”公司得知后非常感动，主动买下这个剧本，让他自导自演。就这样，成龙凭借电影《笑拳怪招》创造了当年的票房纪录。有人觉得，诚信对社会很重要，与自己关系不大，从成龙的成功来看，人无诚信不立，个人要有所作为，诚信是必须具备的素质。

诚信是衡量一个人的标准，一个人如果做到了诚信就一定会得到人们的尊重。诚信是中华民族的传统美德，也是人际交往中应当遵守的一项约束。诚信是金，但黄金有价，诚信无价，诚信比黄金更加贵重。诚信不仅具有道德的力量，而且是一种资源和财富，有了诚信，你会不断地收获诚信所带来的利息。

10 不必背负太多

随着年龄的增长、岁月的洗礼、阅历的丰富、知识的积累与沉淀，人们对生活注入了新的思考与认知，同时也对传统思想、观念进行了深刻的审视、反省与诠释，对一切诸如习惯、观念、想法、经验、爱好等无形的东西也在不断地进行筛选和更新。一些过时的或给生活造成不必要的麻烦和不便的，我们要有勇气随时丢弃它。

很好的解决之道是与自己订下约会，就像与情人或客户订下约会一样。除非有天灾人祸，否则一定要坚守约定。和自己订约会的方法简单方便，在日历上画出几个不让任何人打扰的空白日子即可，除非有特殊情况发生，任何人都不能抢走这段时间。也就是说任何人要求在这段时间做任何事：朋友的拜访，给某人打电话，或是客户需要帮忙……任何事都不行，因为已经有计划了，而这个计划是跟自己在一起的。刚开始这么做时，心中可能会有些不安，好像自己在消磨时光，错失良机，甚至自私自利。尤其是当日历上还有空白时，实在很难跟别人说自己没时间！不过事实证明和自己订约会是件很有意义的事，相信试过之后你也会这么认为。

让日历中的留白成为生活的一部分，也会是自己最珍惜最愿意保留的重要时光。但这并不是说工作不重要，或是觉得与家人在一起的时光没意思。而是这段时光对心灵有平衡与完善的作用。缺乏了这样的时间，你一定会成为一个背负太多的人，因此很容易变得暴躁易怒、沮丧不安，容易失去自我。所以为了避免这样的情形出现，你可以从今天开始与自己订约会。挑选一段固定的时间，某天的某一小时，或一周一次或一个月一次都可以，而且时间长短不定，就算只是十几分钟也可以。重点在它属于你一个人，完全归你的心支配。其次是当别人要跟你约定时间时，绝对不能轻易将这段神圣的时光牺牲了。要特别珍惜这样的时光，甚至比任何时光都重要。别担心，你绝不会因此而成了一个自私自利的人。相反的，当你再度感到生命是属于自己的时候，会更有能力去为别人着想。只有真正地获得自己所需时，你才能更轻易地满足别人的需要。

老李和老佟是隔墙邻居，老李亲眼看见了老佟大半辈子经受了不少的苦难和打击，却从没有见过老佟生气、烦恼的模样，因此心里很奇怪，总想找个机会问个明白。

一天早晨，老李经过老佟的家门前，他停下来问正在晒太阳的老佟："老佟，我真不明白，大家都说这条街上你是最苦最累的了。你大儿子身体不好，成天住院，负债累累，二儿子又下岗了，靠打零工赚钱养家糊口，女儿在省里念大学花了几万元。但我看你整天快快乐乐，怎么一点不觉得烦呢？"

老佟看了老李一眼，说："老李，你说的都是事实，但我从来不为那些事情而斤斤计较、耿耿于怀，虽然我知道那些事情的存在。"老佟温和地冲老李一笑，继续说道："但这些都不会使我怨天尤人，我倒常常为这些烦恼而心存感激。因为烦恼使我更清楚地认识了自己周围的情况，从而努力去寻找解决问题的方法。同时，我还以友善的态度来对付烦恼，因为只有这样，我们才会认清烦恼的真面目，才能正视烦恼，才能和烦恼谈条件。"

说到这里，老佟笑得更温和慈祥了。他说："一直以来，我为自己的希望、儿子的希望乃至孙子的希望而努力工作，工作使我生命的每一天充实无比，哪还有什么东西能让我觉得烦呢？"

现在，假如时间重新回到1976年，唐山发生大地震，生存者都是孤零零地活在世上。他们双亲离世，儿女惨死，伴侣身亡，或目睹好友伤重不治。原本居住着百万人的工业城市，一夜之间顿成废墟，数十万个幸福家庭毁于一旦，从此阴阳两隔。生者比死者更不幸，余下的岁月在苦涩中度过，面对需重建的唐山，锥心泣血，怆然下泪。有道是物是人非，一声轻叹，又怎能泄忧排烦？而你也许只不过是最近在商业交易中赔了几万块钱，只要你能够冷静下来，理性地总结一下失败的教训，从头再来并不难，你所受的痛苦，相比于唐山家毁城亡的受害者，又算得了什么？你的从头开始，比建一座城市更难吗？

你正为每天不知道吃什么菜、做什么饭而伤脑筋吗？你又是否知道，这个世界每天有一万人死于饥饿，此外，还有好几百万人苦于营养不良引起的各种疾病呢？

房租太贵让你烦恼吗？你看到过生活在街头上的流浪汉吗？这些幸运的家伙从来不用为房租问题烦恼，他们生在街头，也死在街头。他们唯一要操心的事情，就是晚上睡觉前能不能找到一块破布御寒。

你嫌自己长得不够漂亮吗？和双目失明的人比，和四肢残缺的人比，和智障低下的人比，你愿意做哪一个呢？

当我们知道有这么多惨状仍然在世界上很多地方被某些人们默默地承受的时候，我们却因为在某个高雅的餐厅没占到好座位大发雷霆；因为工作中的一点点小挫折垂头丧气；因为体重没有减轻深感懊恼；为了每个月的账单抱怨不休……这就是我们的烦恼、我们的问题吗？

何必把自己锁在自己假设的痛苦中呢？那不是很愚蠢吗？哲人说："使我们烦恼、忧郁的都是芝麻小事，我们可以躲闪一头大象，却躲不开一只苍蝇。"其实世界上哪有那么多值得烦恼的事情， 之所以烦恼，是因为陷入了误区，觉得接受烦恼是自己的义务。当你真正觉得烦恼无所谓的时候，烦恼也就自然而然的不见了。

两千多年前中国有一位思想家叫做庄子，这位道家的宗师所表达的思想让人悠然神往。在那个古老的时代，人们平和的心不会感到今天我们所面临的诸多紧张，他们无欲也无争，所以庄子有的是时间去思考。

你觉得自己糟透了——银行发来催账单、情人总是和你发生分歧、修车的费用又得花去你一大笔……算了，别烦恼了，你只不过是刚刚做了个噩梦！

尽可能丢弃那些无谓的问题及烦恼吧！放松心情，轻松一下，好好想一想。我们已经很好，无论在事业上或是生活上失利，都不必背负太多，要坚信：真正的光明并不是没有黑暗的时间，只是不被黑暗遮蔽罢了；真正的英雄并不是没有卑怯的时候，只是不向卑怯屈服而已。

第四章

聪明人总是用心做事

聪明人办事善于抓机会、找机会、创造机会；聪明人办事都有一些实用的技巧，比如要善于观察、善于与办事对象建立起必要的关系等；聪明人总是善于学习，从别人的教训和经验中汲取办事有成的积极要素。

01 不要让埋怨充斥自己的生活

人们在遭遇挫折与不当待遇时，难免会发出不平之声，希望能引起别人的注意和同情。不过，当一个人不断地把抱怨和指责的矛头对准别人时，反而很容易让人反感，产生负面效果，也容易丧失别人对他的信任。

生活是公平的，不平的是人的心态。很多人一天到晚就只知道抱怨这抱怨那，他们从来不从自己身上找原因；只会埋怨工资低，却不去想怎样来改变这个现况；他们不明白“业精于勤，荒于嬉”的道理，他们认为付出了就一定会得到收获，一旦付出后没有收获就开始怨声载道、意志消沉。其实只要是付出了总会有收获的，只是收获的不一样，有的收获是看得见的物质，有的收获是看不见的经历。物质是可以明码实价的，而经历则可谓是无价之宝。

可儿是一个喜欢发牢骚的女孩，遇上一点事情，总是牢骚满腹，怨天尤人。不仅如此，她还想通过抱怨获取别人的同情，让别人与自己站在同一战线上。

上学的时候，可儿总是埋怨老师没有把她教好，使她的成绩无法得到提升。还说老师太偏心，对那些成绩好的同学非常看重，对自己总是爱答不理。她还埋怨那些成绩好的同学清高，对她总是一副冷漠的样子。

好不容易熬到了大学毕业。可儿找到了一个工作，可她这个爱发牢骚的毛病一点都没改。已经工作两年多了，眼看着许多比她后进公司的同事都比她强，她依然没有得到提升，便常常埋怨："我到公司这么多年了，没有功劳也有苦劳，为什么一直升不上去？一定是有人看我不顺眼，故意算计我！"

一旦有同事得到了领导的重用，她总爱挖苦别人：“某某到公司不到3年，可是升官发财都有他的份儿，唉！比起逢迎拍马，我是一点也不如他！”“真不知道领导是怎么想的，像我这种人才，在这个行业里待了这么多年，居然还没有出人头地，领导真是太不公平了！”

在生活中，可儿埋怨这个、批评那个，看谁都不顺眼，好像全天下的人都做了对不起她的事似的。正因为可儿的个性，导致了伙伴们对她渐渐疏离，最终她连工作也丢了。

在漫长的人生旅途中，我们要承担着许许多多的义务和责任，由此也会衍生出无数的烦恼与忧愁，也就难免有这样或那样的痛苦让人心生抱怨。此时就需要我们有一个良好的心态，不要奢望去改变对方，只有努力地改变自己的心态，用一种平和的心态去接纳这些人和事。要想愉快的生活，高兴的工作，就要远离抱怨，理性地对待自己的生活。

02 难得糊涂

大凡立身处世，是最需要聪明和智慧的，但聪明与智慧有时候却依赖糊涂才得以体现。郑板桥说："聪明有大小之分，糊涂有真假之分，所谓小聪明大糊涂是真糊涂假智慧；而大聪明小糊涂乃假糊涂真智慧。所谓做人难得糊涂，正是大智慧隐藏于难得的糊涂之中。"

孔子在周游列国途中，遇到这样一件事：

有一天，他发现两个樵夫在指手画脚地争论着什么事情。二人似乎已经争论了许久，双方都已经面红耳赤、唾沫横飞，但依然没有要停下来的趋势。

出于好奇心，孔子便上前询问他们争论的原因，原来是为了一道算术题。一个樵夫说三七等于二十一，另一个说等于二十，而且双方都各持已见，振振有词。

最后，二人打赌请一个圣贤做裁定，败的那一方要将一天砍的柴给胜利的那一方。

这时，孔子便成了为他们解答“难题”的关键人物。

可是，孔子的回答令人大为不解，他竟然叫认为三七等于二十一的樵夫将辛苦砍来的柴交给说三七等于二十的樵夫。“胜利”的那个樵夫高兴地背着柴走了。败的那个樵夫气愤地说：“三七明明等于二十一，这样简单的算术题连小孩子都懂得，你是圣人却会出现这样的差错。”

孔子笑道：“你说的没错，三七确实等于二十一，这是连小孩子都懂的真理，既然你知道了自己的想法是真理，何必与一个根本就不值得认真对待的人讨论这种不用讨论也非常明显的问题呢？”

输掉柴的樵夫似乎领悟到了什么。孔子继续说道：“那个人虽然得到了你的柴，但他也得到了一生的糊涂；你虽失去了柴，但得到了深刻的教训。”樵夫点点头回家了。

“装傻、装糊涂”是一种智慧。在纷繁变幻的世道中，要能看透事物，看破人生，能知人间风云变幻，处事轻重缓急，举重若轻，四两拨千斤。所以装装傻，既让别人高兴了，自己也没有失去什么，相反，还引起别人的注意，为自己赢得更多机会。

处事时要懂得难得糊涂的真正含义，很多时候，在处理事情时不妨睁一只眼闭一只眼，只要不伤大雅就叫它过去。一个人如果能做到这些，那么他的修养、他的度量就会高于普通人。

03 唯有付出才有回报

在一户勤劳的家庭中，一对夫妻俩勤勤恳恳，创下了一份家产。他们成天到晚地劳碌着，过了几年，这对夫妻便富了起来。但是他们对儿子从小就溺爱，衣来伸手、饭来张口，对他的关心无微不至，使他养成了懒惰贪吃的坏习惯。等老两口去世后，他和他的妻子便成天吃喝玩乐。饿了吃父母留下的粮食，冷了穿父母留下的衣服，过着神仙一般的快活日子。因此过了许久，他俩只剩下一碗粥。最后只能被饿死、冻死。没有吃不完的饭，没有穿不破的衣，懒夫妇的下场也就是不劳而获者的下场。俗话说："一分耕耘一分收获。"不耕耘，便想得到收获的成果，在现实生活中是永远都不可能实现的。

一个盲人在夜晚走路时，手里总是提着一盏明亮的灯。人们很好奇，就问他："你自己看不见，为什么还要提着灯走路呢？"盲人说："我提着灯，为别人照亮道路，同时别人也容易看到我，避免了碰撞。这样既帮助了别人，也保护了自己。"

在我们的人生路上，一定会遇到许多为难的事，但是你是否知道，在前进的路途上，自己付出一些，搬开别人脚下的绊脚石，有时恰恰是在为自己铺路。

为了得到自己需要的东西，我们首先要做的就是付出。如果别人不对你微笑，你就不妨开始笑着对别人问好，如果你想得到金钱，你就应该多多给予别人金钱。一个人只有先付出，才能得到自己想要的。

一个穷汉每天都在地里劳作。有一天，他突然想："与其每天辛苦工作，不如向神灵祈祷，请他赐给我财富，供我今生享用。"

他深为自己的想法得意，于是把弟弟喊来，把家业委托给他，又吩咐他到田里耕作谋生，别让家人饿肚子。交代完之后，他觉得自己没有后顾之忧了，就独自来到天神庙，为天神摆设大斋，供养香花，不分昼夜地膜拜，毕恭毕敬地祈祷："神啊！请您赐给我现世的安稳和利益啊，让我财源滚滚吧！"

天神听见这个穷汉的愿望，内心暗自思忖："这个懒惰的家伙，自己不工作，却想谋求巨大财富。倘若他在前世曾做布施，累积功德，那么，给他些利益方便也未尝不可。可是，查看他的前世行为，根本没有布施的功德，也没有半点因缘，现在却拼命向我求利。不管他怎样苦苦要求，也是没有用的。但是，若不给他些利益，他一定会怨恨我。不妨用些技巧，让他死了这条心吧。"

于是，天神就化作他的弟弟，也来到天神庙，跟他一样祈祷求福。

哥哥看见了，不禁问他："你来这儿干吗？我吩咐你去播种，你播下了吗？"

弟弟说："我也跟你一样，来向天神求财求宝，天神一定会让我衣食无忧的。纵使我不努力播种，我想天神也会让麦子在田里自然生长，满足我的愿望。"

哥哥一听弟弟的祈愿，立即骂道："你这个混账东西，不在田里播种，想等着收获，实在是异想天开。"

弟弟听见哥哥骂他，却故意问："你说什么？再说一遍听听。"

"我就再说给你听，不播种，哪能得到果实呢！你不妨仔细想想看，你太傻了！"

这时天神才现出原形，对哥哥说："诚如你自己所说，不播种就没有果实。”

我们做事或是付出，有的时候可能并没有得到什么实实在在的回报，或是得到的回报和自己所付出的不成正比。其实，我们为别人付出，别人可能不能给我们实实在在的回报，但在他的心里一定会对你充满感激，其实这已经足够了，因为我们帮助了别人，同时我们可能也得到了快乐。

04 天道酬勤

人生中任何一种成功的获取，都始之于勤，并且成功于勤。勤奋是成功的根本，是基础，也是秘诀。没有勤奋，任何一项成功都不可能唾手可得。

台湾传奇人物王永庆，15岁小学毕业后被迫辍学，在台湾南部的一家米店当小工。他并没有因为自己的工作卑微而敷衍了事，而是踏踏实实地做好自己手上的每一件事。除完成送米工作外，他悄悄观察老板怎样经营，学习做生意的本领，因为他总想：假如我也能有一家米店……

第二年，王永庆请父亲帮他借了200元台币，以此做本钱，在台湾南部的嘉义开了家小米店。王永庆踏实认真的做事风格又一次得到了体现。小店刚开始经营时困难重重，因为附近的居民都有固定的米店供应，王永庆只好一家一家登门送货，好不容易才争取到几家住户同意用他的米。他知道，如果服务质量比不上别人，自己的米店就要关门。于是，他特别在“勤”字上下工夫，甚至趴在地上把米里的杂物一粒粒拣干净。

为了多争取一个用户，他还会深夜冒雨把米送到用户家中。他的服务态度很快赢得了众多用户，业务逐渐开展起来了。

不久，王永庆又开办了一个小碾米厂，由于他处处留心，经营水平日渐高超。再加上他勤快能干，每天工作十六七个小时，克勤克俭，业务范围逐渐拓宽。此后，又开办了一家制砖厂。

发迹的王永庆成为台湾传奇式的人物。他成功的原因之一，正是王永庆本人常常提及的“一勤天下无难事”的道理。王永庆有一次在美国华盛顿企业学院演讲时，谈到了他一生的坎坷经历。他说：“先天环境的好坏，并不足为奇，成功的关键完全在于一己之努力。”

一个人真正有了雄厚的实力，总是可以抓住若干个机会的，错过了今天的机会，还会有明天的机会，这样的人总有一天会出人头地的。

台湾的电脑专家兼诗人范光陵先生，在美国获得斯顿豪大学的企业管理硕士学位，获得犹他州立大学的哲学博士学位，后来又专攻电脑，很早写出一本《电脑和你》的通俗读物，畅销于台湾和东南亚。他又在国际上奔走呼号，推动成立电脑协会，举办电脑讲座，召开电脑国际会议，到处发表关于电脑的演讲。由于他在这方面的贡献，泰国国王亲自向他颁发电脑成就奖，英国皇家学院授予他国际杰出成就奖。

就是这样一个天才的人物，刚毕业到美国时也是靠打工吃苦混出来的。开始时，他在一家叫汤姆·陈的餐馆，做一份打杂的活。

每天工作11个小时，一周工作6天，餐馆中最脏最累的活全得干，月薪为280美元。

倒垃圾、刷厕所、洗盘碗、切洋葱、剥冻鸡皮……每天像个陀螺一样忙得团团转。餐馆里的人大大小小全是他的上司，大厨、二厨，连资深杂工都是他的上司，谁都可以对他指手画脚，动辄训斥或随意作弄。

“笨蛋！这么笨的脑子，还是什么留学生！”

虎落平阳被犬欺，龙游浅滩遭虾戏！范先生不但能吃得起大苦，而且还能受得起侮辱，这就不光是毅力，还与他胸揣事业雄心分不开。

他在两年里打过各种各样的工——洗盘碗、收盘碗、做茶房、端茶送水、卖咖啡、做小工、做收银员、售货员……

他曾穷到口袋里没有1分钱，整天只喝清水，咽面包屑，但心揣雄心的他仍然不停地思索着，摸索着，想找出一条路来。

后来，他挣了钱，上大学，念研究生，后来成为诗人、企管硕士、哲学博士、电脑专家，他圆了自己的梦， 实现了他的雄心。

牛顿从苹果落地中得到启发，瓦特从水壶冒汽中得到启发，伽利略从吊灯的摆动中得到启发，阿基米德从洗澡中得到启发，鲁班从草的锯齿割破手中得到启发，机会有了，真正取得成功靠的还是实力。

人之所以缺乏专业知识，除了本身的懒惰之外别无其他原因，不管现在从事什么样的工作，只要有心针对该领域培养专业技术、努力学习、收集相关情报，必能成为该领域的专家。

有句俗语，叫做“一勤天下无难事”。古今中外，凡有建树者，在其历史的每一页上，无不用辛勤的汗水写着一个闪光的“勤”字。

传说古希腊有一个叫德摩斯梯尼的演说家，因小时口吃，登台演讲时声音浑浊，发音不准，常常被雄辩的对手所压倒。可是，他不气馁，不灰心，为克服这个缺点，战胜雄辩的对手，他每天口含石子，面对大海朗诵，不管春夏秋冬，雨雪风霜，50年如一日，连爬山、跑步也边走边做着演说，后来终于成为全希腊最有名气的演说家。

梅兰芳年轻的时候去拜师学戏，师傅说他生着一双死鱼眼睛，灰暗、呆滞，根本不是学戏的材料，拒不收留。天资的欠缺没有使他灰心，反而促使他更加勤奋，他喂鸽子，每天仰望天空，双眼紧跟着飞翔的鸽子，穷追不舍；他养金鱼，每天俯视水底，双眼紧跟着遨游的金鱼，寻踪觅影。后来，梅兰芳的眼睛变得如一汪清澈的秋水，熠熠生辉，脉脉含情，终于成了著名的京剧大师。

卡莱尔说过："天才就是无止境刻苦勤奋的能力。"

只要我们不怠于勤，善求于勤，就一定能在艰苦的劳动中取得事业上的巨大成就，得到圆满的人生。

古语云"天道酬勤"，便是说机会女神只钟情于埋头苦干的人。

法国著名微生物学者巴斯德，小学时因成绩不好而被人看成"没有出息的学生"，但他靠着一股子钻劲，在字典中选择三个词——意志、工作、等待，作为他努力的准则，终于使他成为伟大的生物学家。

说到政治家，日本的一位首相田中角荣，就是一个苦学成功的典型。

他是一个建筑学校的中专毕业生，被一些高等学校毕业的佼佼者所轻视。

然而，他不因为没有上过大学而自卑，相反，经过努力奋斗，终于步入政界，成为日本的第一位平民首相。

被称为"超人"的基辛格，原是一个被纳粹迫害的犹太难民，因念不起高中，曾在牙刷工厂勤工俭学，还当过二等兵。后来靠他的努力奋斗，终于成为哈佛大学的名教授，并当上了国务卿，还获得了诺贝尔和平奖。

他们获得了成功是因为他们有实力，但是他们的实力是从努力中得来的。

在工作中，许多人都会有很好的想法，但只有那些在艰苦探索的过程中付出辛勤工作的人，才有可能取得令人瞩目的成果。同样，公司的正常运转需要每一位员工付出努力，勤奋刻苦在这个时候显得尤其重要，而你的勤奋的态度也会为你的发展铺平道路。

勤奋是检验成功的试金石。只要我们勤奋学习、勤奋探索、勤奋实践，什么事情都一定会成功。

05 脚踏实地 才能实现梦想

脚踏实地是做人必备的素质，也是实现梦想、成就一番事业的关键因素。一步一个脚印，平和沉稳，做事踏实认真，这样的人走遍天下都受欢迎，何愁机会不会找上门来。做老实人，办老实事，就是脚踏实地地做人，踏踏实实地做事。

古罗马大哲学家希留斯曾经说过："想要达到最高处，必须从最低处开始。"飞机飞得再高，也必须从地面起飞。但是可悲的是，这个道理不是每个人都明白。

从前，有个有钱人，他生来愚蠢，却又自以为是，因此常常干出一些让人哭笑不得的事来。

有一次，他到另一个有钱人家里去做客。站在客人府邸的第三层楼上，能看见远方的景致，真是美妙极了。他心中不禁十分羡慕，想到：要是我也有一幢这样的三层楼房，在上面喝茶赏景，那是多么幸福的事情!

于是回到家后，他马上叫人请来泥瓦匠，吩咐道：“你们给我建一座三层楼房，越快越好！”

于是泥瓦匠不敢耽搁，立刻开始动工，打地基、和泥、垒砖头，开始修建楼房的第一层。

这个有钱人天天跑到工地上去看，看到头几天地基打好了，又过了几天，垒了几层砖，再过了几天，砖也越垒越高了。然而，这个有钱人还是十分着急，看到过了这么些天，他要的房子还没有成形，于是不耐烦地跑去问泥瓦匠：“你们这是在建什么房子啊，怎么一点儿都不像我要的那种呢？”

泥瓦匠说：“不是照您的吩咐在建吗？这就是第一层了。”

有钱人又问：“难道你们还要修第二层？”

泥瓦匠奇怪地回答：“当然了，有什么问题吗？”

有钱人暴跳如雷，勃然变色道：“蠢东西，我看中的是第三层，叫你们修的也是第三层！第一层、第二层我都有，还修它干什么？”

泥瓦匠听了目瞪口呆，接着说：“那您就自己修您的第三层吧！”

就这样，这个有钱人请了无数的泥瓦匠，也没能按他的要求建成房子，他也就一直没能实现在他的三层楼上喝茶观景的舒适生活。

梦想不会无缘无故地成为现实，更不要幻想通过奇迹来改变自己的生活。我们需要的是自己一步一步脚踏实地朝着目标前进，只有这样，才会有水到渠成的一天。

农夫在地里同时种了两棵一样大小的果树苗。第一棵树拼命地从地下吸收养料，储备起来，滋润每一个枝干，积蓄力量，默默地盘算着怎样完善自身，向上生长。另一棵树也拼命地从地下吸收养料，凝聚起来，开始盘算着开花结果。

第二年春天，第一棵树便吐出了嫩芽，憋着劲向上长。另一棵树刚吐出嫩叶，便迫不及待地挤出花蕾。第一棵树目标明确，忍耐力强，很快就长得身材茁壮。另一棵树每年都要开花结果，刚开始，着实让农夫吃了一惊，非常欣赏它。但由于这棵树还未成熟，便承担起了开花结果的责任，后来累得弯了腰，结的果实也酸涩难吃，还时常招来一群孩子用石头进行袭击。

时光飞逝，终于有一天，那棵久不开花的壮树轻松地吐出了花蕾，由于养分充足、身体强壮，结出了又大又甜的果实。而此时那棵急于开花结果的树却成了枯木。农夫诧异地叹了口气，将那棵瘦小的枯木砍下，烧火用了。

因此，不要违背生长发展的规律，在成功之前，你要积聚能量，为成功打好坚实的基础。

要想实现自己的梦想，就必须调整自己的心态，打消投机取巧的念头，从一点一滴的小事做起，在最基础的工作中，不断地提高自己的能力，为自己的职业生涯积累雄厚的实力。

06 自信自立是成功的前提

独立是成大事者应该必备的条件之一。一个独立的人，会坚守信仰，保持自我，只有这样，才能够在人生道路上不迷失方向，才能为自己的人生涂上一道亮丽的色彩。特别是青年人更要学会独立生活，拥有独立的人格，独立的思想。

自立的人，更能承受忧患的苦难，不会向命运低头，有些人遭遇危难之时，几乎无法应对，又不懂得如何忍受，于是困难加倍，难以承受厄运的打击。自立的人可以征服一切。

历史和现实告诉我们，没有一个习惯等候帮助、等着别人拉扯一把、等着别人的钱财或是等着运气降临的人，能够真正成就大事。只有抛弃每一根拐杖，破釜沉舟，依靠自己，才能赢得最后的胜利。

洪战辉是河南省西华县人，中共党员。1982年出生，中南大学商学院学生。

1994年，洪战辉的父亲突发间歇性精神病，造成妻子受伤骨折，女儿意外死亡，家里欠下巨债。随后，父亲又捡来了一个和女儿年龄相仿的女婴。面对沉重的家庭负担，母亲离家出走了。年仅13岁的洪战辉，默默地挑起了伺候患病父亲、照顾年幼弟弟、抚养捡来妹妹的家庭重担。这副重担，对于成年人来说尚且不易，何况一个10多岁的孩子！但洪战辉没有退缩，一挑就是12年。为了挣钱养家，他像大人一样，做小生意、打零工、拾荒、种地。他利用课余时间卖笔、书、磁带、鞋袜，在学校附近的餐馆做杂工，周末赶回家浇灌8亩麦地。在兼顾学业和谋生之时，他牺牲了几乎所有的休息时间。为了带好捡来的妹妹，洪战辉费尽心血。每天晚上，他都让妹妹睡在内侧，以防父亲突然发病伤及妹妹。妹妹经常尿湿床单、被子，他就睡在尿湿的地方，用体温把湿处暖干。从高中到大学，他将妹妹一直带在身边，每天都保证妹妹有一瓶牛奶和一个鸡蛋，自己却常常啃方便面。在怀化念大学的日子里，他安排妹妹上了小学，每天不管学习多忙，都坚持接送妹妹，辅导妹妹功课。为了治好父亲的病，洪战辉吃尽苦头。2002年10月，父亲突然发病，因为没有钱，他不得不在一家精神病医院门前跪求治疗。在他孝心的感染下，2005年底河南第二荣康医院主动将他父亲接去诊治。现在，父亲的病情已明显好转，出走的母亲、打工的弟弟也相继回家，一家人终于重新团聚。

2006年以来，已成为公众人物的洪战辉，又将爱洒向了社会。为资助贫困学生，他在学校和政府的帮助下建立了教育助学责任基金。为推动青少年思想教育，他应邀在全国各地作了150多场励志报告，并欣然出任“中国宋庆龄基金会青少年生命教育爱心大使”。他还多次到湖南、河南等地的贫困山区与困难学生交流，捐赠学习用品。他说：“我要力所能及地帮助需要帮助的人。”在不到两年时间里，关于他的书籍出版了6本，其中《中国男孩洪战辉》发行250多万册。

一个从小喜欢依靠的人，长大了就把他这种依靠认为是想当然的。因而不会再去奋斗。当父母教孩子怎样去做一件事时，孩子总是很不以为然。但是，如果是他亲自做成这件事，他会欣喜若狂。这种征服的新感觉是一种新增的能力，会助长孩子的自信和自尊。

鲁迅小时候，由于家道的败落和父亲的病情，

使还是孩子的鲁迅过早地承担起了家庭的重担，他不仅要学习，还要每天往返于药店与当铺之间，为生活而奔波。可即便如此，他还是不忘自强不息地奋斗。一次，由于上学迟到，老师对他加以批评，鲁迅感到很羞愧，从此在自己的书桌上刻上了一个“早”字，这不仅仅是对自己的提醒，更是人生观的体现——自立、自强。正是因为鲁迅这种从小自立的独立品格，让他成为一代大文豪。

纵观世界上有很多伟人，都是因为从小养成了自立的品格才一步步走向人生的辉煌。所以培养自立的品格要从年轻的时候做起。

人生就是这样，只有在竞争中努力成长，自强不息，才能磨炼出自己坚强的性格与良好的心态，从而从容地面对这个繁华的世界。有一首歌唱得好：“不经历风雨，怎么见彩虹。”只要你一如既往的坚持自己的人生目标，并毫不气馁地追求下去，一直付出艰辛的劳动，就一定会实现你的理想。

07 世上没有绝对的失败

在生活中，有的人被挫折打倒，有的人却把挫折当成垫脚石，不断前进。只要正视坎坷，永不放弃自己的追求，生活的艰辛将会被我们踩在脚下，生命将会永放光芒！如果懒于行动、容易退缩，并且在困难中日益消沉，把失败当做了终极，止步不前，那么这次失败将是他一生的失败。

出生在西雅图的查理还在读书的时候，父母就离异了。他14岁时，母亲再婚。不幸的他只能半工半读，靠卖报纸、擦皮鞋为生。后来，备受命运摧残的他走上了歧途，染上了赌博、酗酒的恶习，并且上了瘾。34岁时，赌得一无所有的查理因贩毒而入狱。至此，他的人生是彻头彻尾失败的。

入狱后，查理觉得再也不能这样混下去了，人生有几个30年啊。他发誓，一定要好好改造自己，争取尽早重获自由。从此，查理的观念彻底改变了，他不再怨恨判其入狱的法官，尽量设法让自己安心服刑。一天，查理得知，一个在电厂工作的假释犯将在3个月后出狱。他决心要进入电厂工作。

查理从监狱图书馆借来许多专业书籍，充分利用空余时间苦读。3个月过去了，他主动约见典狱长，请他让自己接手这份工作。典狱长被他诚恳的态度所打动，答应了他的要求。查理非常珍惜这份新工作，因为他偶尔需要到监狱外面修理电器，这可以让他重新品尝一下自由的滋味。

查理保持了夜间苦读的好习惯。通过自己的不断努力，他成了监狱电厂的管理员，管着150来人。查理友善地对待每个人，逐步得到了监狱方和同伴的信任。

53岁的布朗·毕罗格是日历公司的总裁，因偷税漏税被判入狱。毕罗格非常担心公司主管在他服刑期间经营不善。查理非常同情他的遭遇，就找来一部打字机，让他利用监狱工作之余口述信件，监督公司的运营。毕罗格非常感谢查理的善意，并承诺给他1.5万美元的现金作为报答。查理对他的好意表示了感谢，但婉言谢绝了他的馈赠。

不久，毕罗格得到了假释，临行前邀请查理出狱后到他的公司上班。出狱后，查理来到保罗街，毕罗格请他到寓所吃饭，为他安排住宿。星期一早上，查理就到毕罗格的公司上班，周薪25美元，负责塑胶原料的送料工作。虽然薪水不高，但查理依然卖力地工作着。

两个月后，查理升任领班。凭借自己的不懈努力和较高的工作效率，查理逐步博得了公司领导的赏识，最后成了公司的副总裁兼总经理。8个月后，毕罗格去世了，董事会指派查理接管公司。

查理凭借自己的不懈努力，充分发挥出自己的潜能，彻底改变了自己的人生。

敢于面对成功的，不一定是英雄，但不敢于面对失败的，必定是一个对时间流逝长叹的懦夫。但是面对失败，需要有非凡的勇气。只有面对失败，才能找到失败的原因，吸取上次失败的教训，努力走向成功。总之，一个敢于面对失败的人，其实已经向成功走了一大半的路。

成功的人是勇于攀登的人，不管前面有多少困难，面临多大的困境，只要勇敢地向前，就能到达自己想要的远方。而平凡的人只是着眼于现实，自己觉得不可能就放弃了机会，所以永远都是固步自封、停滞不前。想要成功就勇敢地向前吧，目标就在不远的前方。

08 挑战困难，赢得机遇

失败者谈到别人获得的成功，总是会愤愤不平，认为别人有机遇。他们把成功看做降临在“幸运儿”头上的偶然事情，总是等待有一天自己也会“走运”。而成功者都是有智慧和善于运用自己智慧的人，他们从来不指望“运气”的降临，只是忙于解决问题，忙于把事情做好。

跨国大公司松下要招一名会计，很多年轻人都非常向往。终于到了面试的那一天，公司里人山人海。经过严格的笔试和面试筛选，最后只剩下三位优秀的女大学生，经理让她们明天再来参加口试。到了第二天，三位女大学生都穿着漂亮的衣服来了，而经理却发给她们每人一件衣服和一个黑皮包，对她们说：“我给你们的每件衣服上都有一块污迹，你们必须在8点15分之前到总经理室参加口试，而且我提醒你们一句，总经理喜欢整洁干净、落落大方的人，你们最好不要让总经理发现你们身上的污迹，否则就会被淘汰。”这时，反应迅速的萧玲赶紧拿出手帕纸来擦，可是污迹越擦越脏、越擦越大。

萧玲非常着急，苦苦央求经理，让她再换一件衣服。可是，经理带着遗憾的口气说：“很抱歉，你已经被淘汰了。”萧玲无奈地哭着离开了。看到眼前的一切，方超飞快地跑到洗手间，想设法用水将污迹冲洗干净。她洗了一遍又一遍，污迹果然没了，胸前却湿了一大片。方超一看表，已经快到8点15分了。她整理了一下，飞奔向总经理室。到了门前，一看表，正好8点15分，方超缓缓打开门，正好看见季梅从总经理室走出来。看到季梅胸前的那块污迹，方超这才放了心，胸有成竹地走了进去。

结果却让方超感到意外：胜出者竟然是季梅，她赢得了这份高薪工作！原来，季梅用挂在胸前的黑皮包挡住了那块污迹，口试结束后再把衣服上的污渍清洗干净；而方超在口试前清洗衣服时，因为时间仓促把黑皮包落在了洗手间里……

在面对机遇与挑战的时候，季梅用自己的聪明才智，为自己赢得了财富；而萧玲和方超却把机遇看做是困境，只好眼睁睁地看着机遇与自己擦肩而过。

世上没有做不成的事，只有做不成事的人。一个真正想成就一番事业的人，志存高远，不以一时一事的顺利和阻碍为念，也不会为一时的成败所困扰，面对困难，必然会发愤图强，去实现自己的理想，成就功业。

一个人不仅应该在平时保持积极的态度，在危机中更应如此。因为在面临困难时，更有可能崛起而获得成功、变得伟大，但也可能一蹶不振、堕落毁灭。对积极的人来说，危机就是机会；对消极的人来说，危机则意味着灾难或毁灭。

拿破仑青年时期，在一次重要的战役之后，他所带领的部队被敌军包围在阿尔卑斯山脉中。仅有一条陡峭的小路能供他们翻越大山，拿破仑派人前去探路。

“有可能从这条路通过吗？”他向探路回来的侦察人员问道。

“人也许可以通过，但我们还有很多军用装备。”侦察人员略带犹豫地回答。

“那就前进！”沉思片刻之后，拿破仑果断下令，似乎并没有考虑可能遇到的艰难。包围他们的英国人和奥地利人对拿破仑要翻越阿尔卑斯山的想法表示出轻蔑和怀疑，并称他们这是在自寻死路：“小路艰险难走，他们没有车辆，有车辆也不可能翻越，那么多笨重的武器和军品，难道他们要用手搬过去？”然而，别无选择的拿破仑并不理会敌人的嘲讽，带领士兵搬着沉重的武器和军用品艰难地攀登着。第二天傍晚的时候，1万余人的部队已经走出了敌人的包围圈，而敌人由于惧怕山路艰险并没有追击。拿破仑就这样带领众人在不可能的情况下脱离了困境。

在别人都已经决定放弃的时候，最终能保持乐观的态度，加上自身的努力，就一定能抓住机遇，并最终赢得财富、赢得成功。

精明的人一旦发现机遇，就会以最快的速度开发它、利用它。因为机遇对于每个人都是均等的，差异只在于我们行动的快慢。谁动作迅速，谁就得益；反之，就会两手空空。

面对一些比较困难或者不愿做的事时，人们总是采取逃避的态度把它往后搁。当我碰到这样的朋友时，总是对他们说：“把帽子扔过栅栏。”

“什么意思？”他们不明白。

“当你面对一道难于翻越的栅栏并准备退缩时，先把帽子扔到栅栏那边够不到的地方。这样你就不得不强迫自己想尽一切办法越过这道栅栏。”

困难是伪装起来的机遇，只要你有积极的态度，任何时候成功都不算迟。如果你没有积极的态度，不能认真地去对待困难和失败，那么它们就会成为不可战胜的灾难。

那些经常抱怨没有机会的人并不是真的缺少机会，而是缺少发现、争取、利用机会的正确态度，不能积极地面对苦难和挑战。

当你做一件事遇到极大的困难时，断绝自己的后路，把自己置于一种无法回头的境地，让自己只能勇往直前，使自己不顾一切地投入，全心全意地付出，就会接近成功！

我国当代著名歌唱家彭丽媛，出生在山东郓城一个艺术氛围非常浓厚的家庭中。她的父亲是县文化馆馆长，母亲是县剧团的主要演员。从小的艺术熏陶加上良好的家庭教育使小丽媛表现出了良好的艺术天赋，她唱歌、跳舞、朗诵、画画样样出色，她最大的心愿就是将来当一名歌唱家。

为了心中的梦想，彭丽媛决定报考山东艺术学校。就在彭丽媛准备前往省城赶考的时候，她的弟弟生病了，家里没人能陪只有14岁的彭丽媛前去应考。她的父亲就给了一位拉煤的卡车司机两条烟，又给了音乐老师10块钱路费，请他们带彭丽媛到艺术学校的考点。当彭丽媛风尘仆仆赶来的时候，初试早已结束，并且当老师听说她是小县城来的，都没把她当回事。情急之下，彭丽媛倔强地对着墙壁，大声唱了起来："太阳最红，毛主席最亲……"

听到这响亮、清澈的歌声，正准备离去的老师们的目光一下子聚集在了这位面壁而立、身穿旧罩衣的小姑娘身上。一位老师说："请转过来唱吧。"

这时候，老师们从小丽媛那闪烁着光芒的眼神中，看到了一种与众不同的顽强。唱完歌，彭丽媛又跳舞给大家看。老师们的脸上露出了笑容："好，准备参加复试吧！"

在经过了几个月的等待之后，彭丽媛终于成了山东艺术学校的一名正式学生。在那里她第一次见到了钢琴，"我们县里也有一架钢琴，当时我想我要是会弹钢琴、会五线谱该有多好呀！"

机遇总是会留给有准备的人。来到艺校之后，彭丽媛每晚练4个小时的钢琴，寻找乐感、音准，掌握乐理知识。有时候，其他的同伴都出去逛街了，她却一头扎在琴房，一练就是一天，直到手指酸痛。两年多来，她从不敢放松和懈怠。

凭借自己的刻苦和努力，几年后，彭丽媛被中央电视台导演李晓兰选为首届春节联欢晚会演员，与郭兰英、蒋大为这样的“大腕”同台演出。彭丽媛的歌唱事业逐步步入辉煌。

一个人要想获得成功，就必须学会在失败中前进，在逆境中突破，在经历逆境的过程中不断地调整和完善自己的战略战术，反复尝试，坚持到底。只有具备这种态度的人，才能收获更多的智慧，才能更为酣畅地领略到成功的滋味。

09 低调的人离成功最近

低调是一种优雅的人生态度。它代表着豁达，代表着成熟，代表着理性，它是一种博大的胸怀，是一种超然洒脱的态度，是人类个性最高的境界之一。只有那些选择低调的人，才能最终取得成功。能够看到这一点，需要有长远的眼光，更需要有持久的耐心。

杨恽原先做官时，为官清廉，并没有怎么添置家产。成为平民之后，就添置了很多家当。他以置办家产为乐，每天忙得不亦乐乎。他的好朋友孙会宗听说这件事，感到可能会闹出大事来，就写了一封信给杨恽，信里说："大臣被免掉了，应该关起门来表示'心怀惶恐'，装出可怜的样子，免得人家怀疑。你不应该置办家产，更加不该大张旗鼓地宴请宾客，为自己引得美誉，这样容易引起人们的非议。让皇帝知道了，不会轻易放过你的。"不料杨恽却很不服气，他回信给老朋友说："我自己认为确实有很大的过错，德行也有很大的污点，理应一辈子做农夫。农夫很辛苦，没有什么快乐，但在过年过节杀牛宰羊，喝喝酒，唱唱歌，来慰劳自己，应该总不至于犯法吧！”

杨恽依然我行我素。有人向皇帝告发说，杨恽被免官后，不思悔改，生活高调，大有不满之意。而且，近时出现的一次不吉利的日食，也可能就是由他造成的。于是，皇帝派人立即将杨恽缉拿归案，以大逆不道的罪名把他腰斩了，还把他的妻子儿女流放到酒泉。

我们在释放自己情感的时候，千万不要忽视低调做人的优势，更不要把张扬个性当成纵容自己虚荣心的借口。应该时刻谨记，我们来到这个社会上，首先是为社会创造价值，把自己的个性融入创造性的才华和能力之中，然后再表现自己的个性，这样才会被社会所接受。反之，如果个性仅表现为一种脾气，那么，必然会导致不好的结果。

北宋神宗在位期间，宰相王安石主张变革新法，但是遭到了许多官吏的反对，于是形成了支持变法的新党派和反对变法的旧党派。旧党派的代表人物是司马光，新党派的代表人物当然就是主张变法的王安石。苏轼同这“两党”的代表人物都很要好，所以，就个人感情而言，毫无偏爱之心。但是，他认为王安石革新破旧的立法理念固然很好，但在改革措施、举荐人才方面，又非常欠妥。这样一来，司马光自然高兴，以为苏轼同他是一党，所以对苏轼大加称赞。

正当王安石紧锣密鼓地筹办新法的时候，司马光也在紧急搜罗帮手，这时他想到了苏轼，便来到苏轼的住所，毫不委婉地说："王安石敢自行其是，冒天下之大不韪，实在是胆大妄为，我们应该想对策阻止他的这种行为！"然而没想到，苏轼竟然用蔑视的口吻说："你那套'祖宗之法不可变'的封建理念早就过时了，王安石至少知道从大局来看事情，为国为民着想，虽然有祸国殃民的可能，但是也比你的理论更值得赞扬。"此话一出，司马光勃然大怒，拂袖而去。

苏轼虽然把司马光得罪了，但也没有向王安石靠拢，在短短的两个月时间里，他给神宗皇帝上了《上神宗皇帝书》《再上皇帝书》两道奏章，全面批评了王安石的新法，朝野上下，无不震惊。王安石的新党派人士对其更是恨得牙痒痒。

之后，王安石派谢景温把苏轼请来设宴款待，席间，他愤怒地斥责苏轼道："你同司马光站在一边，竭力反对新法，用心何在？"苏轼听了这样的斥责，忍不住发火道："你说这话是什么意思？"王安石说："仁宗在时，你主张革新立法，打破传统理念，如今到我王安石推行新法，你却又伙同司马光排斥我，还敢说没有任何目的？"苏轼更怒："既然你话已经挑明，那我就告诉你，我既反对司马光'祖宗之法不可变'的泥古不化，又反对你不审时度势、贸然推行新法的草率行为！"说罢，拂袖而去。

不久，便有人上书诬告苏轼，说他利用官船贩运私盐，虽然官方调查并无此事，但早已厌恶朝廷争斗的苏轼，并没有为自己争辩，任由新党排除异己，将其贬到杭州任杭州通判，不久又到了徐州。

几年后，苏轼又从徐州迁到湖州。此时，掌握大权的新党内部勾心斗角，王安石最终被贬为庶民，李定、舒宣等人独霸朝权。苏轼看到朝廷发生的这些事，气愤不已，于是在给朝廷上谢表时加了这样的词句："知其愚不适时，难以追陪新进；察其老不生事，或能牧养小民。"这份谢表正给了那帮小人一个弹劾他的机会，李定、舒宣等人唯恐苏轼东山再起，于是借机弹劾，结果，苏轼被神宗勒令拿问。这就是中国历史上著名的文字狱——"乌台诗案"。

此后，苏轼又被贬为黄州团练副使。后由于功绩显著，又连升几次官，升为中书舍人、翰林学士制法、侍读等职。但又因其直言不讳，意见与朝臣不合而被贬官。

苏轼一生的波折，追根究底是因为他张扬的个性，如果他说话委婉些、处世低调些，就不会同时激怒王安石和司马光等当权派，而成为众矢之的了。

低调做人是社会上加固立世根基的绝好姿态，低调做人不但可以保护自己融入人群，与人和谐相处，也可以让人储蓄力量悄然潜行，在不显山不漏水中成就事业。一个人不管取得了多大的成功，名有多显，位有多高，钱有多丰，面对纷繁复杂的社会，都应该保持做人的低调。低调做人是大智大勇的表现，也是成就一番事业的基础。

10 困境中造就伟人

伟大人物通常诞生于逆境之中，你可以数数，古今中外的伟人，他们有多少是出生在逆境，经历过逆境，又有多少是平步青云，一路凯歌。伟大的智慧往往产生于逆境，是逆境把人锤炼得更加理性、明智、顽强、坚韧，是逆境缔造了伟大和卓越。

美国民间流传着这样一句话：“当上帝想要培养某个人的时候，他不会把这个人送到充满典雅和高贵、安逸氛围的学校，而是将他送到充满困顿和磨难的学校。”

1864年9月3日，诺贝尔在试验配制炸药的过程中发生了不幸的意外。

诺贝尔亲手创建的硝化甘油炸药的实验工厂在他眼前化成灰烬。人们从瓦砾中找出了5具尸体，其中一个是他正在大学读书的弟弟，另外4人是和他朝夕相处的亲密助手。5具烧得焦烂的尸体，令人惨不忍睹。诺贝尔的母亲得知小儿子惨死的噩耗，悲痛欲绝。年老的父亲因太受刺激引起脑溢血，从此半身瘫痪。

惨案发生后，警察当局立即封锁了出事现场，并严禁诺贝尔恢复自己的工厂。人们像躲避瘟神一样避开他，再也没有人愿意出租土地让他进行如此危险的实验。但是，这些失败和巨大的痛苦以及一连串的挫折并没有使诺贝尔退缩。几天以后，人们发现，在远离市区的马拉仑湖上，出现了一支巨大的平底驳船，驳船里并没有什么货物，而是摆满了各种设备，一个青年人正全神贯注地进行一项神秘的试验。他就是在大爆炸后被当地居民赶走了的诺贝尔！

大无畏的勇气往往会令死神也望而却步。在令人心惊胆战的实验中，诺贝尔没有连同他的驳船一起葬身鱼腹，而是经过多次试验发明了雷管。

雷管的发明是爆炸学上的一项重大突破。随着当时许多欧洲国家工业化进程的加快，开矿山、修铁路、凿隧道、挖运河都需要炸药。于是，人们又开始亲近诺贝尔了。他把实验室从船上搬迁到斯德哥尔摩附近的温尔维特，正式建立了第一座硝化甘油工厂。接着，他又在德国的汉堡等地建立了炸药公司。

一时间，诺贝尔生产的炸药成了抢手货，源源不断的订货单从世界各地纷至沓来，诺贝尔的财富与日俱增。

然而，获得成功的诺贝尔并没有摆脱挫折。不幸的消息接连不断地传来：在旧金山，运载炸药的火车因震荡发生爆炸，火车被炸得七零八落；德国一家著名工厂因搬运硝化甘油时发生碰撞而爆炸，整个工厂和附近的民房变成了一片废墟；在巴拿马，一艘满载着硝化甘油的轮船，在大西洋的航行途中，因颠簸引起爆炸，整个轮船全部葬身大海……

一连串骇人听闻的消息，再次使人们对诺贝尔望而生畏，甚至简直把他当成瘟神和灾星。诺贝尔又一次被人们抛弃了，人们不知道诺贝尔的发明究竟是人类发展进程的福音，还是上帝借他的手做出的惩罚。面对接踵而至的灾难和困境，诺贝尔没有被吓倒，没有被压垮，更没有一蹶不振，他身上所具有的毅力和恒心，使他对已选定的目标义无反顾，坚韧不拔。在奋斗的路上，他已习惯了与死神朝夕相伴。

炸药的威力是那样不可一世，然而，大无畏的勇气和矢志不移的恒心最终激发了他心中的潜能。他最终征服了炸药，吓退了死神。诺贝尔把困难踩在了脚下，获得了巨大的成功，他一生共获专利发明权355项。他用自己的巨额财富创立的诺贝尔科学奖，被国际科学界视为一种至高无上的荣誉。

面对失去亲人、众人唾弃这样的痛苦境地，诺贝尔都没有退缩，这就是诺贝尔成为伟大科学家的原因所在。逆境是推动创新的重要力量。事实上，它能激发人的活力已是这种“功能”的重要明证。当逆境把人逼得“走投无路”的时候，“求生的本能”会使他想出一些特别的办法去突破现状。所谓“车到山前必有路”就有这个意思。现实中，经常会发生因遭遇逆境，促使个人或集体努力创新而重新振兴的事。有时候，一些意外的失误或打击也能帮助人们创造出一种新的可能，促使人们从另一种途径创造出非凡的业绩。

第五章

学会说话，赢得好人缘

口舌伶俐的人能时时呼风唤雨，到处有人追捧；笨嘴拙舌的人，却事事有心无力，处处受制于人。不管我们生性如何聪颖、拥有多么雄厚的资产，如果缺乏良好的口才，不能够流畅和恰当地表达自己的思想，不懂得基本的处世之道，不能与人们形成良好的互动，我们可能就会丧失很多机会，同时也无法真正实现自己的价值。

01 赞美别人，你会赢得别人的尊重

著名的心理学家马斯洛认为，荣誉感和成就感是人类最高层次的需求，也是本质的需求。当一个人取得了某些进步和成就的时候，他需要别人的承认和肯定，如果没有得到这些，他就无法享受到自己的成功。而当一个人得到别人的赞美的时候，他的态度会更加积极，从而更加努力，而他对称赞他的人也会产生极大的好感，并会主动通过一定的方式来对赞美自己的人予以回报。

许多年以前，有一个11岁的男孩在一家工厂打工。他有一个梦想，就是要成为一名歌星。可他遇到的第一位音乐老师却对他说："你唱不了歌，你的嗓音条件太差。"这让这个男孩很受打击。

男孩的妈妈是一个贫穷的乡村妇女，她搂着自己的儿子说，她相信他能唱好，并觉得他已经取得了进步。妈妈非常艰难地省下钱，送他去上音乐课。妈妈的鼓励，让这个孩子一生的命运发生了

改变。这个孩子后来成为那个时代最伟大的歌唱家，他的名字叫恩瑞哥·卡鲁索。

在19世纪初期，伦敦有位年轻人想当一名作家。但他好像什么事都不顺利。他几乎有4年的时间没有上学。他的父亲因偿还不起债务而入狱，这位年轻人经常挨饿。最后，他找到一个工作，在一个老鼠横行的货仓里贴鞋油的标签，晚上在一间阴森静谧的房了里，和另外两个男孩一起睡，他们两个人是从伦敦的贫民窟来的。他对他的作品毫无信心，所以他趁深夜溜出去，把他的第一篇稿子寄了出去，免得遭人笑话。

一篇接一篇的稿子都被退回，但最后他终于被人接受了。虽然他一先令都没拿到，但编辑夸奖了他。他的心情太激动了，漫无目的地在街上乱逛，激动得泪流满面。

因为一个故事，他所获得的嘉许，改变了他的一生。假如不是这些夸奖，他可能一辈子都在老鼠横行的货仓做工。我们很多人一定听说过这个男孩，他的名字叫查尔斯·狄更斯。

欣赏和赞美不仅能改变人际关系、家庭关系，它还是缓解矛盾，应对危机，成就事业的重要技能，甚至是促进社会和谐安定的有效手段。

美国前总统林肯曾说："当人们被赞美的时候，能忍受很多事情。"

洛杉矶的罗伯特先生对待家里的孩子从来不像一般家庭那样训斥，而是经常以赞许的态度来代替批评孩子的过失。对此，他曾这样说过："我们决定用赞扬而不用批评、训斥，当我们见到他们做得并不好时，要赞扬他们是件很难的事。于是我们仔细找他们值得赞扬的事，这样，他们以前经常做的那些不好的事，就会渐渐减少，甚至消失了。他们开始按着我们的赞扬去做，后来以至于我们都不敢相信，他们会如此听话。虽然他们偶尔还会犯错，但比起以前来可就好得太多了。现在我们不用像以前那样操心了，因为他们做的大部分事情都是对的。这都是赞扬的作用，即使是赞扬他们一点点的进步，也要远远好于对他们的错误的训斥。"

孩子需要我们的赞美，尤其是在孩子的学习阶段，我们应该多多地鼓励他们，让他们有兴趣继续学习下去。当然成年人也需要赞美，赞美之词能拉近人与人之间的距离，促进一件事情的成功。

比尔·盖茨说："假如你愿意激励一个人来了解他所拥有的内在宝藏，那我们所能做的就不只是改变人生，而是我们能彻底地改造他。"

这并不夸张。美国最杰出的心理学家威廉·詹姆斯说：“和我们内在的潜能比起来，我们就像是一半清醒的样子。我们仅仅发挥了身体内在潜能很小的一部分，人远远没有发挥到其极限，人的自身拥有各种能力，但大部分都没有开发运用。”

赞美是人际关系最好的润滑剂，它可以让你不费吹灰之力获得好人缘，只要你赞美有方，那么，你一定会成为一个受欢迎的人。赞美的形式多种多样，可以用语言，也可以用动作，还可以用表情。善于赞美别人的人，总能发现别人的优点，找到最适宜的赞美方式。

万物皆有灵，也都需要鼓励，花草树木因为赞美而越发美丽茁壮，宠物们会因为赞美而跟主人越发亲近。就像渴望得到别人的尊重一样，得到赞美也是令人心情愉快的事情，任何人都不会嫌弃对方对自己赞美过多。所以，在与人交往时，一定不要吝啬你的赞美。

02 对别人微笑，别人也会报以微笑

卡耐基说过："笑是人类的特权。"微笑是人的宝贵财富，微笑是自信的标志，也是礼貌的象征。人们往往依据你的微笑来获取你的态度。只要人人都献出一份微笑，办事将不再感到为难，人与人之间的沟通将变得十分容易。

查尔斯·史考伯曾说过，他的微笑价值一百万美金。他可能只是轻描淡写而已，因为史考伯的性格，他的魅力，他那使别人喜欢他的才能，几乎全是他卓越成功的整个原因。他的性格中令人喜欢的一项因素是他那动人的微笑。

一个人面带微笑，远比他穿着一套高档华丽的衣服更吸引人注意，也更容易受人欢迎。因为微笑是一种宽容、一种接纳，它缩短了彼此的距离，使人与人之间心心相通。喜欢微笑着面对他人的人，往往更容易走入对方的天地。难怪学者们强调："微笑是成功

者的选择。”

一个纽约大百货公司的人事经理在招聘员工时坦言，他宁愿雇佣一名有可爱笑容而没有念完中学的女孩，而不愿雇佣一个摆着扑克面孔的哲学博士。

笑的影响是很大的，即使它本身无法看到。遍布美国的电话公司有个项目叫“声音的威力”，提供如何使用电话来推销他的产品和服务。在这个项目里，电话公司建议你，在打电话时要保持笑容，但你的“笑容”是由声音来传达的。

我们不妨看看俄亥俄州的辛辛那提一家电脑公司的经理是怎样为一个很难填补的缺额找到了一个适当的人选的。

“为了替公司找一个电脑博士几乎要了我的命。最后我找到一个非常好的人选，他刚从普渡大学毕业。几次电话交谈后，我知道还有其他几家公司也希望他去，而且都比我的公司规模大而且有名。当他接受这份工作时，我真的是非常高兴。他开始上班时我问他，为什么放弃其他的机会而选择来我们公司工作。他停下来说：‘我想是因为其他公司的经理在电话里都是冷冰冰的，商业味很重，那使我觉得好像只是另一次的生意上的往来而已。但你的声音，听起来似乎真的希望我能够成为你们公司的一员。你可以相信，我在听电话时是笑着的。’”

任何一个人都希望自己能给别人留下好感，这种好感可以创造出一种轻松愉快的气氛，可以使彼此成为朋友。一个人在社会上就是要靠这种关系才可以立足，而微笑正是打开愉快之门的金钥匙。

哈斯特在纽约股票市场工作。他和妻子结婚后，从早晨起来上班到每天下班，都很少微笑着对妻子说话，这种情形已经有18年了。家庭生活就像一潭死水，沉闷而没有生气。

后来，他认识到微笑对他自己和对别人的重要，他抱着试试看的心理决定尝试一下。早上他对着镜子梳头的时候，看着自己无精打采、满面愁容的样子，他告诫自己从现在起要微笑，要微笑着去面对每一个人。当他坐下吃早餐的时候，微笑着对妻子打了声招呼："早安，亲爱的！"

你想知道他妻子有什么反应吗？她当时惊诧万分，简直被搞糊涂了。哈斯特对她说，以后他每天都会是这样子，她会慢慢习惯的。3个多月过去了，在这段时间里，这个家充满了快乐。从那时起，哈斯特得到的幸福比任何时候都多。他每天去上班的时候，会对办公楼的电梯管理员微笑着说“早上好”；微笑着和大楼里的警卫打招呼；当他开始工作的时候，会微笑着面对任何一个认识或不认识的人。

微笑带来了奇迹，所有的人也都对他报以微笑。每天，哈斯特用愉悦的心情去接待那些满肚子牢骚的人。他一面听着牢骚，一边微笑着解决问题，事情往往很容易解决了。他发现微笑给他带来了更多的收入。

哈斯特的同事是一个很年轻、很讨人喜欢的职员，他把自己学到的这一点告诉了他。这个年轻的同事对他说，当初他认为哈斯特是一个很古怪的人，直到最近，他才改变了对他的看法。他告诉哈斯特，在他微笑的时候，让人觉得和蔼可亲。微笑让哈斯特完全变成了另外一个人，一个整天充满快乐的人，一个更加富有的人，在家庭和朋友方面都很满足——而这才是真正重要的。

微笑在大多场合都是一个畅通无阻的通行证。无论你在什么地方，无论你在做什么，在人与人之间，简单的一个微笑是一种最为普及的语言，它能够消除社交中人与人之间的隔阂。

哈佛大学教授威廉·詹姆斯说：“行动似乎是跟随在感觉后面，但实际上行动和感觉是并肩而行的。行动是在意志的直接控制之下，而我们能够间接地控制不在意志直接控制下的感觉。因此，如果我们不愉快的话，要变得愉快的主动方式是，愉快地坐起来，而且言行都好像是已经愉快了起来……”

没有人喜欢帮助那些整天愁容满面的人，更不会信任他们；很多人在社会上站住脚是从微笑开始的，还有很多人在社会上获得了极好的人缘也是从微笑开始的。

“没有什么事，是好的或坏的，”莎士比亚说，“但思想却有所不同。”美国总统林肯曾经说过：“大多数人得到的快乐和他们决心得到的快乐差不多。”只有那些身处逆境而保持乐观的人，才具有获得成功的潜质，而且比一般人要强。

弗兰克林·贝特格，当年圣路易红雀棒球队的三垒手，目前是全美国最成功的推销保险人士之一。他曾说过：“许多年前就发觉，一个面带微笑的人永远受欢迎。因此，在进入别人的办公室之前，他总是停下来片刻，想想他必须感激的许多事情，展出一个大大的、宽阔的、真诚的微笑，然后当微笑正从脸上消失的刹那，走进去。

他相信，这种简单的技巧，跟他推销保险如此成功，有很大的关系。让我们记住爱德·哈巴德的一段忠告吧。记住，只有将它付诸行动才能收到理想的效果。

“每次在你走出家门的时候，把头抬得高高的，让你的肺部充满新鲜的空气；用微笑来招呼每一个人，每次握手时都使出力量。不要浪费时间去想那些不愉快的事情，径直向着自己的目标迈进吧。伴随着岁月的轨迹，你会发现自己无意中掌握了实现你的希望所需要的机会，就像海里的珊瑚虫在水中汲取所需的物质一样。在心中想象着那个你梦想中的充满智慧的、能干的人，而这种想法，会使你每时每刻都在向那个理想的人转化……想象的力量是无穷的。”

“保持正确的人生观，坚持自己的计划。一切成功来自于希望，而每一个诚挚的祈祷，都会实现。我们心里想什么，就会变成什么。抬起你的头，我们就是明天的上帝。”

善于微笑的人，是最有魅力的人。微笑是让自己受人欢迎的最简单、最有效、最持久的办法，别人可以拒绝你，但无法拒绝你的笑容。当你向一个人微笑的时候，他将很快被你征服。

你的笑容就是你好意的信差，你的笑容能照亮所有看到它的人。对那些整天都皱眉头、愁容满面、视若无睹的人来说，你的笑容就像穿过乌云的太阳。尤其对那些受到上司、客户、父母或子女的压力的人，一个笑容能帮助他们了解一切都是有希望的，也就是说世界上是有欢乐的。

拿破仑·希尔曾说：“笑是人类的天性，人人都能笑，但不是人人都会笑。”可见，微笑也是一门艺术，只有恰如其分地微笑才能产生积极的效益，其基本的原则就是真诚、得体以及恰当的时机。

一个微笑所负载和传导的真情，胜过了千言万语，所以才有了“相逢一笑泯恩仇”之说。微笑是人良好心境的表现，说明心底平和，心情愉快；微笑是善待人生、乐观处世的表现，说明心里充满了阳光；微笑是有自信心的表现，是对自己的魅力和能力抱积极和肯定的态度；微笑是内心真诚友善的自然表露，说明心底的坦荡和善良；微笑还是对工作意义的正确认识，表现出乐业敬业的精神。

03 幽默是人际交往的润滑剂

在人际交往中，幽默是心灵与心灵之间快乐的天使，拥有幽默就拥有爱和友谊。凡具有幽默感的人，所到之处，皆是一片欢乐和融洽的气氛。在无法避免的冲突中，幽默感不强的人就面临考验，是拍案而起，横眉怒目，还是悲天悯人，大智若愚？幽默家的高明在于即使到了针锋相对时，也不像通常人那样让心灵被怒火烧得扭曲起来，而是仍然保持相当的平静。在对方已感到别无选择时，幽默家仍然有多种多样的选择。

幽默是润滑剂，能使僵滞的人际关系活跃起来；幽默是缓冲装置，可使一触即发的紧张局势顷刻间化为祥和；幽默是一枚包裹了棉花团的针，带着温柔的嘲讽，却不伤人。幽默也充分显示出幽默者和被幽默者的胸襟和自信。

海利·福斯第说：“笑的金科玉律是，不论你想笑别人怎样，先笑你自己。”

笑自己的观念、遭遇、缺点乃至失误，有时候还要笑笑自己的狼狈处境。每一个迈进政界的人得有随时挨人“打”的心理准备，如果缺乏笑自己的反馈功能，那么他最好还是干自己的老本行去。

很多有名的人物，尤其是演员，都以取笑自己来达到双方完满的沟通。他们利用一般认为并不好看的外貌特征来开自己的玩笑。如玛莎蕾伊的“大嘴巴”。还有一位发胖的女演员，拿自己的体态开玩笑说：“我不敢穿上白色泳衣去海边游泳。我一去，飞过上空的美国空军一定会大为紧张，以为他们发现了古巴。”

没有人不喜欢幽默的人。

笑自己的长相，或笑自己做得不太漂亮的事情，会使你变得较有人性。如果你碰巧长得英俊或美丽，要感谢祖先的赏赐。同时也不妨让人轻松一下，试着找找自己的缺点。如果你真的没有什么有趣味的缺点，就去虚构一个，缺点通常不难找到。

我们在个人生活中，总是不断地、交替地扮演着主人和客人的角色，因此我们有可能要去应付不合理的要求、令人不快的行为或者闹得不像话的场面。

而想要化解这种困境，没有任何合适的方式，只有依靠幽默的力量。

有一次，查斯特伯爵宴请客人吃饭。在餐桌上客人为了一点小事争论了起来，为了平息餐桌上的争论，查斯特提出了这样一个令客人感到十分意外的问题：“诸位，刚才上的是一道什么菜？大概是鸡！”客人们回答道：“是的。”接下来，查斯特一本正经地说：“一定是只公鸡，哦，原来是这只鸡在作祟，难怪大家要斗起来呢！”说完他举起酒杯：“诸位，让我们来点灭火剂吧！”一场餐桌上的争论即刻就被平息了。

一位老人在乘船时，听一些旅游者讲起关于在鱼肚子里发现珍珠宝物的故事。出于兴趣，他凑上前去语重心长地说：“我给你们讲一个真实的故事吧。我年轻的时候，曾和一位漂亮的女导演谈过恋爱。后来，我到国外留学，一去就是两年，我和女导演的联络因此也越来越少。在回国之前，我特意买了一枚钻石戒掉，准备给女朋友一个惊喜，然而半路上得知，一个月前，她已和某男影星结了婚。我一气之下把戒指扔进了大海。几天后，我回到了国内某市，在一家餐馆喝闷酒，鱼端上来了，我心烦意乱地塞进嘴里，刚嚼了两下，忽然，牙被一个东西硌了一下。你们猜，我吃着了什么？”“戒指。”大伙一齐说道。“不，”老人诡秘地笑道，“是一块鱼骨头。”“哈……”

人们被老者这突如其来的答话逗乐了，人群当中突然爆发出爽朗的笑声。现场气氛也随之活跃起来，众人都为结识这样一位虽然陌生但却豁达开朗的老人而感到高兴。

作家欧希金也曾以幽默摆脱了一个困境。他在他的《夫人》一书中，写到了美容产品大王卢宾丝坦女士。后来在一次他自己举行的家宴中，一位客人不断地批评他，说他不应该写这种女人，因为她的祖先烧死了圣女贞德。其他客人都觉得很窘，几度想改变话题，但是都没有成功。谈话越来越令人受不了，最后欧希金自己说："好吧，那件事总得有个人来做，现在你差不多也要把我烧死了。"这句话马上使他从窘境中脱身出来，随后他又加上一句妙语："作家都是他的人物的奴隶，真是罪该万死！"

幽默不仅能够帮助人们摆脱困境，同时也能给人们带来快乐。

罗钦斯基夫人写的《生命的乐章》一书中，有这样一个故事：

第一个孩子刚出生不久，有一天，她坐在楼上卧室里，忽然楼下传来了一阵阵雄浑的音乐声。她想，这很平常，因为她的丈夫是纽约爱乐交响乐团的指挥。这时她丈夫上楼对她说："我刚买了一张巨型唱片，有房子那么大。"她半信半疑地望着他，问："那唱机要有多大？"她丈夫说："要18个人抬。"罗钦斯基想让她下楼，她看见竟有一屋子神采飞扬的音乐家，在演奏李察德为庆祝他们的长子诞生而作的曲子。音乐家们看到夫人下楼，便停止演奏，有人问罗钦斯基："你生了个儿子，满意吗？"他回答说："这得问我夫人，因为孩子是她生的。至于我，诸位，我平生最满意的、最辉煌的成就，是我竟能说服她嫁给我！"夫人立刻接着说："我为他生了孩子，却丢掉了皇冠！”一刹那整个屋子笑声沸扬。

这件事使他们终生难忘，罗钦斯基夫人一想起它，就会想起罗钦斯基带给她的温暖。

既然人生需要快乐的催化剂，那么就加点幽默吧！

在演讲中运用幽默，应当自然，而不要勉强。如果你牵强说出一个幽默，你的听众可能会思想上开小差。与其仿效别人的风格，不如自己找一个轻松的、可以为演讲注入生气的幽默。如果使用得当，幽默可以为你的演讲增添情趣和趣味，可以创造和谐的气氛，引导话题，生动地说明某种做法以及证明一个论点。

04 善意的谎言 有时比实话更贴心

有人说过这样一段话：“撇开道德的标准，谎言就是一种智慧。这种智慧如同一把无形的刀子，深深地隐藏在每个人的脑子里。舍之则藏，用时便会亮闪闪地伸出刀尖。政治家利用它纵横捭阖，军事家利用它运筹帷幄，生意人靠它发财致富，读书人靠它飞黄腾达……”

人们之所以给予谎言如此高的评价，是因为实话有时比谎言更伤人，更不利于自己。比如一个人行将就木，得了癌症只剩两天可活，面对病人的询问，医生如果明白地告诉他：“你只有两天的时间了。”病人无疑会非常痛苦。

生活中，经常能碰到一些善意而美丽的谎言，这些谎言构成的是人生的另一种风景。它丰富了人们生活的情趣，使人们之间的关系更为和谐，生活更愉快和美满。在灾难突然降临时的谎言，有时就是救命的谎言。

上个世纪一架美国的运输机在沙漠里遇到沙尘暴袭击迫降，但飞机已经严重损毁，无法恢复起飞。通讯设备也损坏了，与外界通讯联络中断，9名乘客和1名驾驶员陷于绝望之中，求生的本能使他们为争夺有限的干粮和水而动起干戈。

紧急关头，一个临时搭乘飞机的乘客站了出来说:“大家不要惊慌，我是飞机设计师，只要大家齐心协力听我指挥，就可以修好飞机。”这好比一针强心剂，稳定了大家的情绪，他们自觉节省水和干粮，一切井然有序，大家团结起来和风沙困难作斗争。

十几天过去了，飞机并没有修好，但有一队往返沙漠里的商人驼队经过这里时搭救了他们。几天后，人们才发现，那个临时乘

客根本就不是什么飞机设计师，他是一个对飞机一无所知的小学教师。有人知道真相后就骂他是个骗子，愤怒地责问他：“大家命都快保不住了，你居然还忍心欺骗我们？”老师说：“假如我当时不撒谎，大家能活到现在吗？”

上面这个故事告诉我们，善意的谎言是生活的希望，是沙漠中的绿洲，它有时真的改变了我们生命的轨道。

也许大家都认为，说谎是一种最要不得的行为，但人与人之间的相处，偶尔还是需要些善意的谎言。不分场合的诚实，不仅会伤害到别人，也会伤害自己。善意的谎言不是以利己为目的，这种在适当时候说出的谎言，饱含真诚，散发出温暖的光辉，能让说谎者与被“骗”者共享欢愉。

两个盲人靠说书弹三弦糊口，老者是师父，70多岁；幼者是徒弟，20岁不到。师父已经弹断了999根弦了，离1000根弦只差一根了。师父的师父临死的时候对师父说：“我这里有一张复明的药方，我将它封进你的琴槽中，当你弹断了第1000根弦的时候，你才可以取出药方。记住，你弹断每一根弦时都必须是尽心尽力的。否则，再灵的药方也会失去效用。”那时，师父还是20岁的小青年，可如今他已皓发银须。50年来，他一直奔着那复明的梦想。他知道，那是一张祖传的秘方。

一声脆响，师父终于弹断了最后一根琴弦，他直向城中的药铺赶去，当他充满虔诚、满怀期待地取药方时，掌柜的告诉他：“那是一张白纸。”他的头嗡地响了一下，平静下来以后，他明白了一切：原来师父欺骗他说弹断1000根琴弦，就能得到那复明的药方，只是真诚、善意的谎言，而他因为靠着这善意的谎言，才有了生存的勇气。

回家后，他郑重地对小徒弟说：“我这里有一个复明的药方，我将它封入你的琴槽，当你弹断第1200根琴弦的时候，你才能去打开它，记住，必须用心去弹，师父将这个数错记为1000根了……”

小徒弟虔诚地允诺着，他也跟他的师父一样，活在这个善意的谎言里。这个谎言给了他希望的动力，引发他去追求生命中最美丽的时刻。如果师父不说这个谎，他的徒弟能愉快地面对自己的将来吗？

“撇开道德的标准，谎言就是一种智慧。”美丽的谎言出于善良和真诚，它无悖于道德。说实话有时比说谎言更伤人，我们要学会在适当的时候说些谎言。很多时候，真诚的谎言比什么都有力量。

职场上同样如此。有同事邀请你参加个酒会，你打心底不愿意，你对他说“不想跟你去”。可想而知，你的大实话会深深伤害同事的自尊心，进而会影响你们以后的关系。而如果你撒谎“我另外有点事”，不但同事不会受伤害，你们的友谊也会继续。真诚的谎言可以让你维持良好的人际关系，也可以有力地保护你自己。

难怪有成功者说：“好口才就是说谎专家。”

企划部的彭力因一件小事和上司大吵了一架。事后，彭力向同事孙迪大发牢骚。上司知道后，便把孙迪叫到办公室，假装谈工作，然后有意无意地问起彭力对他的看法。心里如明镜一般的孙迪呵呵一笑后，说：“他挺好的，跟我在一起时，他总是表现出对你的佩服。那天，他还说你‘很有魅力’。至于最近有点不开心，他说可能是在某些事情上闹了点小误会，你会很快处理好的。你放心，他不会有什么。”上司听后信以为真，十分高兴。第二天开会时就当场表扬彭力工作努力，彭力受宠若惊，怨气顿消，一切又恢复了正常。

练习说谎吧！只要你的谎言是出自真诚，它一定会散发出耀眼的光彩，让说谎者与被“骗”者共享其乐。而当你学会将善意的谎言说得漂亮的那天，也就等于拿到职场里的“免死”金牌。

05 学会说“不”

古希腊大哲学家毕达哥拉斯曾经说过这样一句话：“‘是’和‘不’是两个最简单、最熟悉的字，却是最需要慎重考虑的字。”的确，答应他人做某件事要慎重，而拒绝别人的请求也应该慎重。

有些人在拒绝对方时，因感到不好意思而不敢直接说明，致使对方摸不清自己的意思，而产生许多不必要的误会。比如当你使用一种语意暧昧的回答：“这件事似乎很难做得到吧！”本来是拒绝的意思，然而却可能被认为你同意了，如果你没有做到，反而会被埋怨你没有信守承诺。所以，大胆地说出“不”字，是相当重要却又不太容易的课题。在拒绝别人要求时，如果处理得当不仅不会招来别人的反感，还会得到别人的宽容谅解，反之就会使别人怀恨在心，甚至打击报复你。

拒绝别人需要一份勇气，也需要一份智慧。

清代画家郑板桥任潍县县令时，曾查处了一个叫李卿的恶霸。

李卿的父亲李君是刑部大官，听说儿子被捕，急忙赶回潍县为儿子求情。他知道郑板桥正直无私，直接求情不会见效，于是便以访友的名义来到郑板桥家里。郑板桥知其来意，心里也在想怎样巧拒说情，于是一场舌战巧妙地展开了。

李君四处一望，见旁边的几案上放着文房四宝，他眼珠一转有了主意："郑兄，你我题诗绘画以助雅兴如何？"

"好哇。"

李君拿起笔在纸上画出一片尖尖竹笋，上面飞着一只乌鸦。

目睹此景，郑板桥不搭话，挥笔画出一丛细长的兰草，中间还有一只蜜蜂。

李君对郑板桥说："郑兄，我这画可有名堂，这叫'竹笋似枪，乌鸦真敢尖上立？'"

郑板桥微微一笑："李大人，我这也有讲究，这叫'兰叶如剑，黄蜂偏向刃中行'！"

李君碰了钉子，换了一个方式，他提笔在纸上写道："燮乃才子。"

郑板桥一看，人家夸自己呢，于是提笔写道："卿本佳人。"

李君一看心中一喜，连忙套近乎："我这'燮'字可是郑兄大名，这个'卿'字……"

"当然是贵公子的宝号啦！"郑板桥回答。

李君以为自己的"软招"奏效了，心里别提有多高兴了，当即直言相托："既然我子是佳人，那么请郑兄手下留……"

"李大人，你怎么'糊涂'了？"郑板桥打断李君的话，"唐代李延寿不是说过吗，'卿本佳人，奈何做贼'呀！"

李天官这才明白郑板桥的婉拒之意，不禁面红耳赤，他知道多说无益，只好拱手作别了。

大凡来求你办事的人，都是相信你能解决这个问题，对你抱有很高的期望值的。一般来说，对你抱有的期望越高，拒绝的难度就越大。在拒绝对方时，假如总讲自己的长处，或过分夸耀自己，就会在无意中增加了对方的期望，更加大了拒绝的难度。如果适当地讲一讲自己的短处，降低对方的期望，在此基础上，抓住适当的机会多讲别人的长处，就能把对方的求助目标自然地转移过去。这样不仅可以达到拒绝的目的，而且会给求助方指出一个更好的归宿，使意外的成功所产生的愉快和欣慰心情取代原有的烦恼与失望。从而降低对方对你说的"不"的抵触情绪。

一般来说，一个人有事求别人帮忙时，总是希望别人能满足自己的要求，却往往不考虑给他人带来的麻烦和风险。如果实事求是地讲清利害关系和可能产生的不良后果，把对方也拉进来，共同承担风险，即让对方设身处地去判断。这样会使提出要求的人望而止步，放弃自己的要求。

甘罗的爷爷是秦朝的宰相。有一天，甘罗看见爷爷在后花园走来走去，不停地唉声叹气。

“爷爷，您碰到什么难事了？”甘罗问。

“唉，孩子呀，大王不知听了谁的调唆，硬要吃公鸡下的蛋，命令满朝文武去找，要是三天内找不到，大家都得受罚。”

“秦王太不讲理了。”甘罗气呼呼地说。

他眼睛一眨，想了个主意，说：“不过，爷爷您别急，我有办法，明天我替您上朝好了。”

第二天早上，甘罗真的替爷爷上朝了。他不慌不忙地走进宫殿，向秦王施礼。

秦王很不高兴地问道：“小娃娃到这里捣什么乱！你爷爷呢？”

甘罗说：“大王，我爷爷今天来不了啦。他正在家生孩子呢，托我替他上朝来了。”

秦王听了哈哈大笑：“你这孩子，怎么胡言乱语！男人家哪能生孩子？”

甘罗说：“既然大王知道男人不能生孩子，那公鸡怎么能下蛋呢？”

甘罗就是利用以谬还谬的否定方法，没有直接揭露秦王的荒诞，而是“顺杆儿上”，引出一个更为荒诞的结论，让秦王自己去攻破自己的观点，并在巧妙的回答中暗示其荒谬性。

小张在电器商场工作。一天，他的一位朋友来买电视，让他给打个低一些的折扣。小张挺为难，这事他根本做不了主，于是他苦着脸对朋友说："你如果上周来能给打折，昨天我们盘点，上次促销还赔了钱，今天早上我们经理才公布过，不让随便打折了，以后谁打折谁补钱。"

朋友一听这话，觉得再说也没用了，就不再说什么了。

张绪对摄像机朝思暮想了很长时间。一天，他心一横，花费了多年积蓄，从商店里美滋滋地捧回一架崭新的进口摄像机。打那以后，他一有空便围着它转，爱不释手。时隔不久，张绪的一个中学同学跑来，说下星期他外出旅游想借用张绪的摄像机。将摄像机当作至宝的张绪真担心同学给他弄坏了。但不借吧怕伤了多年的友谊，又难以启齿，于是张绪便找了借口对同学说："我妈说过几天出门想带着，但是时间还没有定，到时候再说吧。她不用的话一定借给你。"

对这类勉为其难的要求，张绪既不说借，也不说不借，实际上为自己的最终拒绝留下了很大的回旋余地。如此既保全了双方的面子，不至于出现尴尬的僵局，又回绝了对方的要求。张绪的同学如果是个明白人，一定会心领神会，知"难"而退。

国学大师钱钟书先生很讨厌炒作，在他的《围城》出版后，许多媒体记者想采访他。钱先生实在没有办法了，只好以幽默的语言拒绝他们说："假如你吃了一个鸡蛋觉得不错，你认为有必要非要认识一下那只下蛋的母鸡吗？"

风趣的比喻终于使对方在愉悦之中欣然接受了婉拒。

学会拒绝，能让我们更坦率，更忠于自己，不必为他人之愿所累。伏尔泰曾经说过：“当别人坦率的时候，你也应该坦率，你不必为别人的晚餐付账，不必为别人的无病呻吟弹泪，你应该坦率地告诉每一个使你陷入一种不情愿、又不得已的难局中的人。”

一位哲人曾说：“当你拒绝不了无理要求时，其实你害了别人，也害了自己。”所谓害人是指助长了他的惰性，害己则是说违心地做自己不想做的事情会让自己心里很不舒服，甚至会后悔莫及。

要敢于拒绝你认为应当拒绝的要求，摒弃那种支支吾吾的态度，不给人误解你的空间。与隐瞒自己真实想法的绕圈子话相比，人们更尊重这种不含糊的回绝。

06 到什么山头唱什么歌

中国有句谚语：“到什么山唱什么歌，见什么人说什么话。”中国古代大军事家孙子有句名言：“知己知彼，百战不殆。”这些都可以作为我们人生幸福定律的指导原则。说话不看对象，不仅达不到目的，往往还会伤害对方的面子。反之，了解了对象的情况，即使有一些不太合适的言论，也不会给对方造成伤害。

《世说新语》中有这么一则故事：有个叫许允的人在吏部做官，提拔了很多同乡。魏明帝察觉之后，派虎贲卫士去抓他。他的妻子赶出来告诫他说：“明主可以理夺，难以请求。”让他向皇帝申明道理，而不要寄希望于哀情求饶。

于是，当魏明帝审讯许允的时候，许允直率地回答说：“陛下规定的用人原则是‘举尔所知’，我的同乡我最了解，请陛下考察他们是否合格，如果不称职，臣愿受罚。”魏明帝派人考察许允提拔的同乡，他们倒都很称职。于是，明帝就将许允放了，还赏了他一套衣服。

许允提拔同乡，是根据封建王朝制定的个人荐举制的任官制度。不管此举妥不妥当，它都合乎皇帝认可的“理”。许允的妻子深知跟皇帝打交道，难于求情，唯可以“理”相争，于是叮嘱许允以“举尔所知”和用人称职之“理”，来消除提拔同乡、结党营私之嫌。这可以说是善于根据说话对象的身份来选择说什么话的绝好例子。

和人交谈要看对方的身份、地位，还要看对方的性格特点，针对他的不同特点，采取不同的说话方式，这样才有利于解决问题。职场中，免不了和各种各样的人打交道，要时刻注意观察，针对不同人的特点，选择不同的说话方式。

《三国演义》第六十五回中，马超率兵攻打葭萌关的时候，诸葛亮对刘备说：“只有张飞、赵云二位将军，方可对敌马超。”刘备说：“子龙领兵在外回不来，翼德现在这里，可以急速派遣他去迎战。”

诸葛亮说：“主公先别说，让我来激激他。”

这时，张飞听说马超前来攻关，大叫而入，主动请求出战。

诸葛亮佯装没有听见，对刘备说：“马超智勇双全，无人可敌，除非入荆州唤云长来，方能对敌。”

张飞说：“军师为什么小瞧我！我曾单独抗拒曹操百万大军，难道还怕马超这个匹夫！”

诸葛亮说：“你在当阳据水断桥，是因为曹操不知道虚实，若知虚实，你怎能安然无事？马超英勇无比，天下人都知道，他渭桥六战，把曹操杀得割发弃袍，差一点丧了命，绝非等闲之辈，就是云长来也未必战胜他。”

张飞说：“我今天就去，如战胜不了马超，甘当军令！”

诸葛亮看“激将”法起了作用，便顺水推舟地说：“既然你肯立军令状，便可以为先锋！”

结果，张飞与马超在葭萌关下大战了一昼夜，斗了二百二十多个回合，虽然未分胜负，却打掉了马超的锐气，反被诸葛亮施计说服而归顺刘备。

在《三国演义》中，诸葛亮针对张飞脾气暴躁的性格，常常采用“激将法”来说服他。每当遇到重要战事，先说他担当不了此任，或说怕他贪杯酒后误事，激他立下军令状，增强他的责任感和紧迫感，扫除轻敌思想。

由于所处的环境不同，人的心理感受不同，而同一句话由于地点不同、语气不同，所表达的情感也不尽相同。别人在传话的过程中也难免会加入他个人的主观理解，等到你的谈话内容被谈话对象听到时，可能已经大相径庭，势必造成误解、隔阂，进而形成仇恨。另外，人处在不同的状态下，讲话时的心情和内容也会不同，心情愉快的时候，看事看人也许比较符合自己的心思，故而赞誉之言可能会多；有时心情不愉快，讲起话来不免会愤世嫉俗，讲出许多过头的话，从而招来很多麻烦。

孔子曰："不得其人而言，谓之失言。"对方若不是深相知的人，你就畅所欲言，以快一时，那么对方的反应又是如何呢？你说的话，是属于你自己的事，对方愿意听么？彼此关系浅薄，你与之深谈，显出你的没有修养；你说的话，若是关于对方的，你不是他的诤友，不配与他深谈，忠言逆耳，显出你的冒昧；你说的话，是属于国家的，对方的立场如何，你没有明白，对方的主张如何，你也不知道，你只知高谈阔论，殊不知轻言更易招来麻烦。

话非其人不必说；非其时，虽得其人，也不必说；得其人，得其时，而非其地，仍是不必说。

07 言语简洁，一语中的

言谈是很重要的日常交际手段，它是门艺术，话说得好，办起事来也方便。话说得不好可能产生误会，影响友情，甚至让事情朝相反的方向发展。有的人说话喜欢拖拖拉拉，明明很简单的一件事被他一描述变得复杂了，自己说着费劲，别人听着也烦。

世界著名的谈话艺术专家却司脱·费尔特先生，曾经教人谈话时应该注意下列一些问题。他说道：“你应该时常说话，但不必说得太长。少叙述故事，除了真正贴切而简短之外，总以绝对不讲为妙。”说话方圆之道一定要记住言语简洁。

说话如果不说到要害就无法拨动对方内心深处最关心、最敏感的那根心弦，就无法使其动心、动容，改变主意，幡然醒悟。

一个理发师傅带了个徒弟。徒弟学艺3个月后，这天正式上岗，他给第一位顾客理完发，顾客照照镜子说：“头发留得太长。”徒弟不语。

师傅在一旁笑着解释：“头发长，使您显得含蓄，这叫藏而不露，很符合您的身份。”顾客听罢，高兴而去。

徒弟给第二位顾客理完发，顾客照照镜子说：“头发剪得太短。”徒弟无语。

师傅笑着解释：“头发短，使您显得精神、朴实、厚道，让人感到亲切。”顾客听了，欣喜而去。

徒弟给第三位顾客理完发，顾客一边交钱一边笑道：“花时间挺长的。”徒弟无言。

师傅笑着解释：“为‘首脑’多花点时间很有必要，您没听说‘进门苍头秀士，出门白面书生’？”顾客听罢，大笑而去。

徒弟给第四位顾客理完发，顾客一边付款一边笑道：“动作挺利索，20分钟就解决问题。”徒弟不知所措，沉默不语。

师傅笑着抢答："如今，时间就是金钱，'顶上功夫'速战速决，为您赢得了时间和金钱，您何乐而不为？"顾客听了，欢笑告辞。

晚上打烊时，徒弟怯怯地问师傅："为什么你一帮我说话顾客就很买账，而我却不知道该说什么。"

师傅宽厚地笑道："那是因为我说的话又简单又受用，只要找准顾客的喜好，话不用多，一语就能中的。我之所以替你说话，作用有二：对顾客来说，是讨人家喜欢，因为谁都爱听吉言；对你而言，既是鼓励又是鞭策，因为万事开头难，我希望你以后把活做得更加漂亮，把话说得更明白好听。"

徒弟很受感动，从此，他越发刻苦学艺，理发的技艺日益精湛，一张巧嘴也深受顾客喜欢。

话要说得适可而止，进退有度。千万不要长篇大论，越描越黑，这是商家大忌！古语说得好："山不在高，有仙则名，水不在深，有龙则灵。"在我们日常生活中，话不在多，点到就行。在生活节奏日益加快的当今社会，没有人会有闲心去听你的高谈阔论。这就要求你随时提醒自己，把话说到点子上，有道理，有人情味，有逻辑性，这样才算掌握了说话的分寸。

其实，谈话并不完全在于多么精彩，也不在于口若悬河、专门讲些俏皮话和空洞的笑话。相反，尽管谈话的时候直截了当地对答，朴实地理解，也仍旧能够得到圆满的谈话结果。语言还要力求通俗、易懂，如果不顾听者的接受能力，用文绉绉、艰涩难懂的语言，往往既不亲切，又使对方难以接受，结果事与愿违。

世界上最会说话的人不是口若悬河、滔滔不绝的雄辩之士，而是那些言简意赅、恰如其分地阐述自己观点的人。真正会说话的人懂得用最简单的语言把意思表达到位，在最短的时间内把话说到点子上。

人的一生离不开语言交流，精炼而有效的语言是你生活的调味剂，是你事业的推进器，是你社交的和谐曲。

08 劝导不如诱导

要想办事成功，没有一定的办事套路是行不通的，而诱导就是其中的一种。在办事中，要想与别人建立起良好的互动关系，让别人对你的事情感兴趣，必须先诱导他们尝试一下，这往往是一种与人合作、求人办事的有效策略。

美国《纽约日报》总编辑雷特，身边很需要一位精明干练的助理，于是，他便将目光瞄准了年轻的约翰·海。雷特想让约翰帮助自己成名，帮助《纽约日报》成为美国最大的报纸。而在当时，约翰刚从西班牙马德里辞掉外交官职务，准备回到家乡伊利诺伊州，从事律师行业。

一天，雷特请约翰到联盟俱乐部吃饭。吃完饭，他提议请约翰到报社去玩玩。

到了报社后，雷特从许多电讯中间找到了一条最重要的消息。当时，恰巧负责国外新闻的编辑有事离职了，于是，他对约翰说：

“请坐下来，帮忙为明天的报纸写一段关于这则消息的社论吧。”在这种情况下，约翰自然不好拒绝，于是提起笔来就写。

这篇社论写得非常棒，雷特看后赞不绝口。于是，他请约翰再帮忙顶缺一星期、一个月，就这样，最后干脆让他担任这一职务。而约翰也在不知不觉中放弃了回家乡做律师的计划，留在纽约做起了新闻记者。

从雷特的例子中，我们可以得到这样一条求人办事的规律：央求不如婉求，劝导不如诱导。实际上，诱导的过程就是朔风的过程，也是对方的思想逐渐转变的过程。当你真正把握住了对方的思想，让他跟着你的思路走，那么你的成功也就指日可待。

每个人都有不同的性格和脾气。有的人注意细节，做什么事都有个讲究；有的人则不拘小节，许多方面都随随便便。在劝说一个人的时候，稍不留心，就会伤害大家的感情。因此，与其直言相劝，不如委婉示范，以身作则，让对方明白有些事怎样做更好。

1939年10月11日，美国经济学家兼总统罗斯福的私人顾问亚历山大·萨克斯，受爱因斯坦的委托，在白宫同罗斯福进行了一次具有历史意义的会谈。

萨克斯的目的是说服总统重视原子弹研究，抢在纳粹德国前面制造原子弹。他先向罗斯福面呈了爱因斯坦的长信，继而又读了科学家们关于核裂变的备忘录。但总统听不懂深奥的科学论述，反应冷淡。

总统说："这些都很有趣，但政府现在干预此事还为时过早。"萨克斯讲得口干舌燥，只好告辞。罗斯福为了表示歉意，请他第二天共进早餐。

萨克斯的劝说失败了，他犯了一个错误，科学家的长信和备忘录并不适合总统的口味。

事情还没有结束。由于事态严重，没有能够说服罗斯福的萨克斯整夜在公园里徘徊，苦思冥想说服总统的好办法。

第二天，萨克斯与罗斯福共进早餐。萨克斯尚未开口，总统就以守为攻地说："今天不许再谈爱因斯坦的信，一句也不许说，明白吗？"

"我想谈点历史"，萨克斯说，"英法战争期间，拿破仑在欧洲大陆上耀武扬威，不可一世，但在海上作战却屡战屡败。一位美国的发明家罗伯特·富尔顿向他建议，把法国战舰上的桅杆砍掉，撤去风帆，装上蒸汽机，把木板换成钢板。"萨克斯很悠闲地拿起一片面包涂抹果酱，罗斯福也知道他是在吊自己的胃口，问："后来呢？""后来，拿破仑嘲笑了富尔顿一番：'军舰不用帆？

靠你发明的蒸汽机？哈哈，简直是天大的玩笑！’可怜的年轻人被轰了出去。拿破仑认为船没有帆不可能航行，木板换成钢板船就会沉。”萨克斯开始用深沉的目光注视着总统，“历史学家们在评论这段历史时认为，如果拿破仑采纳富尔顿的建议，那么，十九世纪的历史就得重写。”

罗斯福沉思了几分钟，然后取出一瓶拿破仑时代的白兰地斟满，把酒杯递给萨克斯：“你胜利了！”

萨克斯这招“前车之鉴”说服了罗斯福，从而引起了后来举世瞩目的变化。

可见，善劝要灵活机智，不可一味地就事论事，旁敲侧击，抛砖引玉，都不失为好方法。

老赵是小丁的邻居，也是同一单位里的工会主席，而且，技术上也有一手，待人也热情诚恳。但是，他在生活上却比较马虎，不讲仪态。夏天，他常光着膀子走家串户。小丁是个有知识的女性，她很不习惯老赵的这种行为。

一个双休日，老赵邀小丁的丈夫去另一个同事家下棋。小丁对丈夫说：“穿上衬衫，换双凉鞋，到别人家去总得有个样子。”这一讲，老赵马上有所觉察，他说：“等一下，我也去穿件衬衫，换双鞋。”

小丁赶忙笑着说道：“赵师傅，您这个人很热情、很随和，可我觉得在穿着上太不讲究了，有时让人受不了。”待老赵穿好衣衫返回，小丁赞扬道：“赵师傅，这一身多神气啊！”说得赵师傅舒服极了。以后，他渐渐改变了原先不讲仪态的习惯。

当你要诱导别人去做一些很容易的事情时，你得先让他获得一点小胜利；而当你要诱导别人去做一件重大的事情时，你最好对他造成一个强烈刺激，让他在做这件事时，有一种强烈的求胜欲望。只有这样，他的自尊心和自信心才会被激发起来，才会愿意并能够更加勤奋地工作，最终达到你所期待的目标。

要引起别人对你的计划的热心参与，必须先诱导他们尝试一下，可能的话，不妨让他们先从一些比较容易的事情入手，然后，再一步步地把他们向你的目标引进，从而达到自己的目的。

09 沉默胜于雄辩

俗话说，祸从口出，就在你夸夸其谈之际，已经为那个一直在暗中与你较劲的人准备了一些把柄，为那个听了你某句话不舒服的人进行报复埋下了伏笔。所以古人说：“沉默是金。”很多时候，不说话就是最聪明的选择。

卡耐基认为，如果你很想说话，就先问自己：你为什么想说话——是为了自己的利益，还是为了别人利益的方便。如果是为了自己，那就努力保持沉默。

其实沉默也是一种艺术，不是每个人都懂得沉默，不是每个人都知道在什么情况下和什么人说什么话时或听到什么话时应该采取沉默，因为沉默不仅代表不爱交谈，也有可能代表着其他你所想象不到的意思。

不同的缄默方式有不同的作用，运用时必须恰到好处。

心照不宣即心里明白但不说出，这也是保持沉默的一种方法。

在一座寺庙里，有一位德高望重的长老，他手下有一个非常不听话的小和尚。这个小和尚总是深更半夜越墙而出，早上天未亮再越墙而入。长老一直想批评这个小和尚，但苦于没有罪证。

这一天深夜，长老在寺庙里巡夜，在寺院的高墙边发现一把椅子。他知道必定是那个小和尚借此越墙到寺外。于是，长老悄悄地搬走了椅子，自己就在原地守候。午夜，外出的小和尚回来了。他爬上墙，再跳到“椅子”上。突然，他感觉“椅子”不似先前硬，软软的甚至有点弹性。落地后的小和尚才知道，椅子已换成了长老，小和尚吓得仓皇离去。

在以后的日子里，小和尚觉得度日如年，他天天都诚惶诚恐地等候着长老对他的惩罚，但长老依旧和从前一样，对这件事只字未提。

小和尚觉得再也无法忍受了，他不想每天都在煎熬中度过。

于是，他鼓起勇气找到长老，诚恳地认了错，哪知长老宽容地笑了笑，说：

“不用担心，这件事只有天知地知你知我知，你还怕什么？”

小和尚从此备受鼓舞，他收住心，再也没有翻过墙。通过刻苦的修炼，小和尚成了寺院里的佼佼者。若干年后，老和尚圆寂，小和尚成了长老。

在洛克菲勒的逸事中，曾有一位不速之客突然闯入他的办公室，直奔他的写字台，并以拳头猛击台面，大发雷霆：“洛克菲勒，我恨你！我有绝对的理由恨你！”接着那位客人恣意谩骂他达几分钟之久。办公室所有的职员都感到无比气愤，以为洛克菲勒一定会拾起墨水瓶向他掷去，或是吩咐保安员将他赶出去。然而，出乎意料的是，洛克菲勒并没有这样做。他停下手中的活儿，和善地注视着这位攻击者，那人越暴躁，他就显得越和善！

那个无理之徒被弄得莫名其妙，渐渐平息下来。因为一个人发怒时，没有人反击，是坚持不了多久的。他是准备好了来这儿与洛克菲勒决斗的，并想好了洛克菲勒要怎样回击他，他再用想好的话去反驳。但是，洛克菲勒就是不开口，所以他也就不知如何是好了。

再如，葛力内在一次会议中对一项决议投了反对票。这个政党的领袖来到他的办公室对他进行指责，说他简直是本党的叛徒，企图破坏该政党组织。

葛力内正在写稿，见他进来后仍没抬头，好像不知道他就在自己的身旁一样。来客见葛力内如此冷淡，更是火上加油，越发显得生气，于是对葛力内辱骂起来。可是，葛力内就是不予理睬，依旧默默地写着他的东西。

来客无可奈何，绕着葛力内的桌子兜了一圈，回到原位，又滔滔不绝地重说了一遍。虽然来客几番重复这套盛气凌人的指责，但葛力内始终没有停下手中的活。直到来客词穷怒息，准备离去，葛力内才慢慢停下手中的笔，抬起头来，轻轻地一笑，丢过去一个得意的眼色，说："干吗那么着急走啊？回来尽情地发泄吧！"

有人说："一切伟大的诞生都是在沉默中孕育的。"智者们都从沉默中得到了好处，只有他们理解沉默的价值。有内涵的人绝不会像暴发户一样轻易炫耀自己的聪明，在没有必要的情况下，他们宁可一言不发。结果，他们在沉默中获得了更大的价值。

第六章
幸福的婚姻家庭需要用心经营

十年修得同船渡，百年修得共枕眠。既然能在千千万万人中，遇到你所要遇见的人，在十万年之中，在时间的隧道里，没有早一步，也没有晚一步，刚巧遇到等你的那个人，这样的缘分难道不值得好好珍惜、用心呵护吗？

01 临渊羡鱼，不如退而结网

可以说，守株待兔的人是天下最笨的猎人，没有猎物会愿意乖乖地撞到猎人的面前等待着捕捉。正所谓“临渊羡鱼，不如退而结网。”因此，要想找到属于自己的另一半，自然要付出积极的努力。当然，寻找并不是整日徘徊在自己的一亩三分地里，每天重复着简单的三点一线生活的人。有经验的渔夫在捕鱼的时候都是先广撒网，只有这样才有可能抓到自己想要的大鱼。

在主动出击方面，男人似乎天生就占据了优势，“好男儿志在四方”这句话由来已久，在两性关系上男人四方狩猎就要比女人方便得多。而女人如果想在情场上狩猎，往往会受到传统的束缚，受到内心的自我约束以及外界的舆论压力甚至嘲笑、讥讽。虽然女性与男性之间天生就有着各种各样的差异，但这并不导致必然的精神与感情生活的差异。在体力与体能方面，女人固然是弱者，但是如果女人总是自怨自艾、顾影自怜，那才是名副其实的弱者。在思维方式方面，男人和女人本来就没有太多实质性的差别，女性更直观、深刻、细腻、率真，而男性则更加冷静、主观、果敢、武断，两相抵消，很难说哪一种性别更占优势。而且在情感方面，女性更感性，更加敏感，所以在对待两性关系时，女性更有理由采取主动。所以，在感情的猎场上，无论是男人还是女人，都应该放下世俗的束缚，采取积极的态度去寻找原本就属于你们的另一半。

既然已经经过修身养性，也懂得放下架子了，想去猎取猎物了，去撒网了，那么，哪里才是最适当的撒网的地方呢？怎么样才能找到适合自己的男人或女人呢？事实上，事情并不需要这么复杂，只要在日常生活中多用一点心就行，顺其自然是中国哲学的精髓所在。毕竟不同类型的人都有其独特的魅力。比如味道十足的漂亮女人，自有其迷倒男人的优势；聪明自信的事业型女人，也因其干练自信而动人；活泼好动的女人，则能给人带来清新自然的感觉；唯独自感脆弱，自甘堕落的女人，才会在感情战场上任凭别人摆布。工作中的男人最迷人，独立的男人最具气质，幽默的男人最讨人喜欢，安静的男人会思考，只有不愿意去了解人、去理解人的男人，才会陷入失落爱情的绝境。

所以，凡事用心，注重发挥自己的优势即可，其实场所的选择非常简单，到你喜欢的场所做你最感兴趣的事情，因为只有在这种场合遇到的才有可能最适合你，毕竟与自己有着相同的志趣和爱好是相知相守的前提和基础。即使在这种场合你没有遇到适合自己的人，也可以在你感兴趣的地方为自己营造快乐，并度过一段快乐而美好的时光。懂得营造快乐是吸引别人的前提和基础。此外，你也可以通过参与各种公众活动与聚会来丰富自己的日常生活，并以此增加自己的自信和魅力。

只有真正了解自己的人，才知道自己真正感兴趣的是什么，所以，在充分了解自己的基础上来挑选出自己最喜欢做的和最想要做的事情，然后有空余时间就全身心地投入。这样，你的生活就会更加充实，找到另一半的机会也就增加很多。

比如，你是一个运动型的人，喜欢到健身房做运动，在这里你投入了大量的时间和精力去运动，就一定能够获得自己想要的东西。或许在日常生活中你崇尚的是自由与简单，在穿着方面毫不讲究，给人以不修边幅之感；或者你平时是一个衣着非常讲究，一丝不苟的人，给人一种严肃而难以接近的感觉。但在健身房的你将是完全不同的风格，运动服能够给你动感与活力，你不仅可以释放出你的体能，更能散发出你与众不同的热情与活力，或许你会大汗淋漓，与平日的你在形象上极为不符，但是，你却可以因此而展示出另外一个自我，一个积极健康的自我。这不仅有助于提高自己的外在形象，更有利于塑造自己的精神面貌，这是为推销自己所做的最好的准备。

强身健体固然是你来这里的主要目的，但是也别忘记，来这里你还肩负着寻找志同道合乃至携手天涯之人的重任，所以，来健身房之前，你需要注意一下装扮。尤其是女士，在着装之时不仅仅要表现出事业中精明强干的利落，还要展示自己天然的女性的魅力。

运动是一个充满着热情的项目，你需要展现的，是你的无尽的朝气与强烈自信，在根据自己的条件装扮好自己之后，还要告诉自己“我是最性感的女人”，然后带着强烈自信的微笑来到健身房，选择你感兴趣的运动。实际上，可能当你以此装扮出现时，就已经有人在偷偷地注视你了，而这个人，很可能就是你的另一半。

虽然健身房里的一些项目是非常专注的运动，但也有些项目是可以在松弛状态下进行的。在这种比较放松的状态之下，你完全可以凭借眼神很自然地四下巡视，去发现你感兴趣的异性。事实上，如果彼此能够有感觉的话，你们的视线会自觉不自觉地在空间中相遇。健身房虽然没有太多的语言交流的机会，但是却比一般的场合更具有认识和结交异性朋友的机会，因为你的形体语言欺骗不了人，而此时你的形体语言也要比平时开放许多，你的眼睛也会让你发现你自己喜欢的人，在这里，你甚至不必主动找人搭讪，只要能够让别人注意到你，机会自然也就来了。

不要惧怕陌生的环境，要能够习以为常，将自信变成自己的习惯性行为，毫无保留地展现自己运动时的魅力，这样你就可以很轻松地、自然地、不露痕迹地吸引异性来发现你。如果你觉得始终没有发现你心仪的对象，那么可以尝试着不定期地更换健身房，这样才有机会碰到不同的人。

遇到不同的人是你广撒网的目的，一般情况下，未婚男女大多乐于参加一些社交活动，比如跳舞、旅行、爬山等，如果你觉得在你感兴趣的地方找不到属于自己的另一半，那你就需要尝试着参加其他类型的活动，同时，通过你认识的新朋友去认识更多的朋友，接触面广了，遇到心仪的对象的可能性才会变大。

不要抱怨自己没有机会，因为机会往往都是创造出来的，多参加社会与社交活动就是创造相识机会的重要方式。但是，也不要太刻意地去做，好猎人是知道怎样去等待猎物出现，太过用力反而会打草惊蛇，吓跑自己原本可能拥有的另一半。

去任何场所都要事先做好准备，不要太刻意，也不要太放松，无论做什么事，出门之前都要先包装好自己，因为可能就在你购买一件似乎无关紧要的物品的时候，你的天使就突然出现了，如果你太过落魄，没有做好自我形象的设计，就会失去良机，擦肩而过是最有可能出现的结果。所以，要时时注意为自己创造机会，即使去最嘈杂的菜场买菜的时候也是一样，世上有无数的浪漫邂逅就是在街头巷尾发生的，做好必要的准备是浪漫邂逅的前提和基础。

广撒网，积极寻找猎物，这是你遇见另一半的一个重要而简单的方式，不要懒得去做，机会只会青睐于那些有准备的人，抓住每一个机会你才能拥有幸福的人生。

02 告别错误的选择

爱情虽然是一种美好的情感，是两个人的相濡以沫，是彼此的需要，但是必须要把握一个原则，那就是爱情应该是一种美好的感受，不要为了爱情而爱情，不要向往苦恋，那是一种绝望而伤人的情感；更不要让爱情沦落成食之无味、弃之可惜的鸡肋，那种情况更加可怕，它会不断消磨掉你对爱情的激情，久而久之让你对爱情失去兴趣，甚至对生活也失去相应的激情。

爱情是美好的，是令人向往的，是值得我们费尽心思去追寻的。但是，爱情是不能勉强的，我们需要的是能带给我们无比快乐的人，如果说现在拥有的爱情伴侣并不是自己的意中人，或者发现不是适合自己的人，我们宁愿选择放弃。我们应该坚信，旧的不去，新的不来。只有告别我们错误的选择，才有机会找到自己的正确答案。

但现实中，很多人明明知道对方并不是自己的合适人选，但是仍然舍不得放弃，或者犹豫不决。他们错误地认为，

放弃对方以后自己就会形单影只，他们不愿意面对暂时的孤单，而宁愿维持错误的关系，宁愿身边有一个人可以相伴。这种观点是不可取的，因为你的“食之无味，弃之可惜”的伴侣在事实上已经把你寻找真正伴侣的道路堵塞了，只要有人出现在你的周围，你可能的真正伴侣就会望而却步。事实上，你留在身边的一段错误关系在你的周围形成了一道无形的围墙，一个埋藏了所有希望的阴影。因此，要想找到属于自己的真正的伴侣，就要适时地舍弃，在你的身边留下空间，只有这样，你的爱情梦想才有可能实现。有人说，道理大家都懂，但做起来真的好难。比如，一个人在节假日里躲起来吃方便面是多么的无聊而绝望，所以宁愿留住一个暂时先用着。只是这样做的代价似乎太大，因为有个人在身边的时候，实际上就是给自己打了个记号，一个拒绝别人走进自己感情世界的记

号，所以你的人生注定走不上正轨，你的另一半或许在观望之中就被你抹杀了。

每段恋情在开始的时候都是美好的，每个对爱情有着憧憬的人都会希望这一段恋情就是自己的命中注定，是自己人生追求的目标，然而随着交往的日益加深，才发现彼此之间原来有着那么多的不相契合，然后逐渐由希望变成失望，为什么开始的美好会变成最终的失落？这就是雾里看花的结果。

其实你完全没有必要因为一段恋情的失败而懊恼，白头到老固然很好，但分手了，也应该是幸福的，毕竟你爱过，快乐过，这已足够。而且，大多数人都是在经历过失败后才更加了解爱情，吃一堑长一智，绝对是最深刻的道理。事实上，每个人都需要经历过很长的一段人生之后才能够真正地学到智慧，或者说受到伤害之后才能够有直面人生的勇气。

一般来说，成年人的承受能力之所以能够比初涉人世的年轻人强很多，就是因为他们经历过了无数惨痛的打击。青年人的脆弱来源于他们淡薄的社会经验，所以在面对突如其来的打击的时候才会慌了手脚，乱了方寸。而成年人则阅历已深，往往百炼成钢，很难被情感的迷雾所困，而且往往越是成功的人，越是饱受过生活的磨砺和考验。他们之所以能够成功，更多的是因为他们能够很快地走出令人不快的阴影，令其忘掉败走麦城的事情。在情感上这条经验同样适用，要想成为一个追求快乐人生的人，要想寻找到属于你自己的幸福，就要能够以最快的速度清除心中的不快，忘掉曾经的痛苦生活，只有这样，才能够以更快的速度得到你那份真正的姻缘。

实际上，更快的告别错误可以为你寻找真正的伴侣节省时间，效率是现在社会的精髓，有错就改更是中国传统文化中的精华所在。

勇于抛弃不属于自己的恋情，其实是一个人成熟的表现。一个快乐而丰富的人，一个完整并能自我满足的人，一个没有伴侣也可以找到快乐的人，才会有更多的机会找到属于自己的另一半。因为只有这样才能让彼此处于一个平等的平台上，相濡以沫，只有平等的恋爱才能够带来真正的幸福。

在恋爱的时候，我们需要时刻保持清醒的头脑，看清楚身边的恋人，他们是否是自己的另一半，如果你搞不清楚，可以试着问自己：对方究竟给自己带来了多少痛苦？多少欢乐？如果痛苦和快乐各一半，那么，你的这段恋情可以说就是错误的，因为你的快乐其实一直是以你的心痛为代价，你总是在苦中作乐，如果你不是一个自虐狂，就应该当机立断地离开对方。如果你还是觉得舍不得，犹豫不决的话，那还可以再问问自己：他／她在乎你吗？他／她在乎自己给你带来的痛苦吗？他／她究竟把你放在自己生命中的什么位置？

不要只是对着天花板发呆空想试图给自己一个答案，这是需要你用理智和直觉来回答的问题。回想交往的过程，从各种小事去感受对方的心意，如果答案是“否”，那你应该毫不犹豫地结束这一段错误。如果你觉得身不由己的话，那也只能替你惋惜了，其实你的机会有很多，只是不经意间都被你自己错过了，你要选择一段痛苦，没人可以阻拦你，只是你的灵魂在告别人世的时候或许会陷入最终的绝望。为了一段错误的感情而放弃终生的幸福，你把自己的人生放在了一个不等式上，得到的只能是遗憾。

良禽尚择木而栖，何况是作为万物之灵的人呢？懂得选择，学会放弃才是恋爱的人应该采取的态度。旧的不去，新的不来。善待自己，直面人生，懂取舍是人生的重要一部分。爱情从来就是一把双刃剑，既可以伤害自己，也可以伤害别人。通常情况下，它呈现的是光华耀眼的美丽，可有的时候也会有让你感到锥心刺骨的痛楚。如果你在爱情中得到的只是负面效应，那还是和这段爱说拜拜吧，早一天结束，早一天幸福。

03 像对待小孩一样对待恋人

恋爱中的两人就像一对小孩，常常会为一些很不着边际的事情而争吵，或者为一些莫名其妙的事情而撒娇，恋人的生活，经常会充满童趣。所以，为了爱情更加甜蜜，你也可以采取对付小孩一样的方法来对付自己的恋人。要及时规范孩子的行为，对孩子的表现要清楚地表明自己的态度。如果孩子听话，那就摸摸他的头，给他一些奖励，如果做错了，就给一些小惩罚，警告他不要再做类似的傻事，就像大人对待小孩一样，错误严重了，就打打小孩的屁股，让其感受到痛，才会记忆深刻。

但是，有些事情也是必须要注意的，特别是女人，她们在对待男人的时候，往往容易犯天生母性的错误，呵护备至、唠唠叨叨有时候只能起到相反的效果，花太多心思讨好他，还不如多花点心思在自己身上。要知道，一个人在把自己收拾好之前，是不可能有着平和从容的心态的，如果没有平和从容的心态，和平共处就会变得非常困难。因此，无论对待什么样的恋人，都应该化繁就简、一视同仁，即使对方有着高深的学问、显赫的社会地位、丰富的社会阅历，你都要记住这一点：他/她也是人。无论什么样的人，都应该以简单的普通人的标准来看待，不要被对方头顶上的太多光环所震慑。“金无足赤，人无完人”，是人就都会有犯错误的时候，所以在适当的时候你就需要给对方一些小小的教训，不要让其一直生活在云层的顶端，过着太舒服太放松的生活，否则，他/她是想不到你的需要的。要知道，你也是一个普通人，你在付出爱的同时，也需要得到对方的关爱。有时候你的一味顺从会让对方觉得你很无聊，所以偶尔耍耍小性子，或者小闹一把，其实也无伤大雅。也许，正因为你小小的无理取闹而让对方感受到你对疼爱的需要，然后反过来像对待小孩一样呵护你、哄骗你。

有时候，恋爱就像过家家，两个人都是孩子，都需要对方哄，都需要对方疼，都需要恩威并施。既然彼此相爱，那就不妨尝试着像孩子一样过日子吧。

爱情是麻辣的，爱情里面不仅有欢笑和浪漫，泪水、分离、恨也是爱情的主旋律。恋爱就像过家家，彰显着唯美的浪漫，宣泄着年轻的冲动。因此像对待小孩一样对待恋人，也许生活又别有一番滋味。

04 善待情敌

在每个爱情的战场上都有情敌，情敌在每个人的眼中都是个刺眼的词，但正因为在这个战场上有了情敌，你才能知道自己有多么爱那个人，也正因为有了情敌，这个战场上才有了刺激。那么，究竟该如何面对自己的情敌，面对自己的爱人呢？

在这里，我们主要站在女性的角度，来谈谈如何对待自己的情敌。

首先，女人要爱自己，也要爱其他的女人，即使对方是你的情敌，你也应该善待对方，欣赏对方，从对方的身上找出自己的不足之处。因为她既然能够成为你的情敌，肯定是有着你的另一半非常欣赏的地方，而这些地方可能正是你所欠缺的，所以，适当的欣赏和学习，能够让你更加具有魅力，从而有效地把老公吸引在自己身边。事实上，情敌的出现也能够逼着你去思考，激发出你的智慧，然后有效地解决比较难缠的多角恋爱问题。所以，在婚姻里，不仅仅要看到自己和自己的丈夫，也要看到其他的女人，尤其是让你的丈夫盯着看的女人，她们所具有的，就是你应当学习的。

当然，男人也有问题。很多情况下，男人会用所谓的博爱来掩饰自己，但事实上，男人的确具有喜新而不厌旧的特点，他们不仅爱自己的妻子，也会去爱别的女人，为别的女人设想，在这种情况下，如果你的男人遇到难题，你就可以献计献策，然后想出不伤害任何人的方法，即使没有那么完美的方法，也要把伤害程度减到最低，有效地解决自己男人的“剪不断理还乱”的多角恋爱的困境，从而也让自己得到有效的成长。

善待情敌并不表示要成全他人，让自己受尽痛苦、窝囊气。你要能够稍微超然地看问题，对别人爱上自己丈夫的事情，以爱的态度来看待，如果你发现情敌是一个心地善良、人品不错的女孩子，她能够欣赏自己的丈夫恰恰也说明了丈夫具有相当的可爱之处，这样你可以把问题简单化，可以尝试着与对方做朋友，然后引导对方走自己该走的路。总而言之，善待别的女人甚至是自己的情敌，多为对方着想，到最后，获益的人往往是自己。

当然，善待情敌，也不能一概而论，要根据实际的情况进行调整，在变与不变之间把握好分寸，否则问题可能不但不能解决，反而会更加复杂。善待情敌，为情敌着想，是一个不变的原则性想法，但是在处理技巧方面，就要有所变化，该果断时就要马上做出决断，即使是一时看起来似乎无情，似乎残忍，只要是对双方都有着长远的好处，就应该果断地做出你应有的反应。

这是一个幸福美满的家庭，男人温文尔雅，风度翩翩，是一家企业的老总；女人聪明漂亮，善解人意，是机关公务员。丈夫深爱着妻子，妻子也深爱着丈夫。

然而，有一天，她却发现他有私情。

那天，她要出差，在去车站的路上，突然想起一份重要的文件忘在家里了，于是，她请出租车司机调转车头往回走。

到了家门口，还没来得及下车，她看见他慌张地打开房门，把一个女人放进去，又朝四周观察一番，确认没人看到，才小心翼翼地关上房门。那个女人她认识，是她的下属，住在她家对面那幢楼上。

按理说，她应当毫不犹豫地冲进屋内，当面戳穿他们的隐情。但是，这样一来，势必掀起轩然大波，不仅会激怒那个女人，还会使他更加难堪，甚至会把他推到离那个女人更近的位置。她不想这样，她深信，他只是一时糊涂，他仍然深爱着自己。装聋作哑更不行，自己承受痛苦不说，还会使他越陷越深。不如给那个女人一个台阶，让她自己掐断这份私情。

她果断地掏出手机，拨通家里的电话。“老公，我把一份重要的文件忘在书桌上了，你把它找出来，我请小朱来拿。”小朱就是那个女人。不等他回答，她挂机又拨通了小朱的手机：“请你到我家里拿一份文件送给我，行吗？我在门口等你。”

不一会儿，女人出现了，满脸羞愧和尴尬。她接过文件，优雅地笑了笑，说了声：“谢谢。”然后让司机开车。此刻，她再也忍不住心头的酸痛，任由泪水往下流。她想，要是这样也不能挽回丈夫的心，那她真该放弃这段感情了。

事实证明她的做法是正确的，她完全可以为当初的理智而自豪。多年过去了，他再也没有越雷池半步，他和她之间仿佛一切不快都不曾发生，他们依然幸福地生活在一起。而那个女人在断绝与上司的往来后，不止一次对别人说：“她是我所见过的最聪慧的女人。对她，我除了崇敬，还有感激。”

我们应该明白，简单化的憎恨和攻击情敌是解决不了根本问题的，只会让彼此处于更加尴尬的地位，甚至是把自己的男人往外推，大吵大闹如同疯子一般更是会让你的男人深恶痛绝。因此，你应该学会以柔克刚的方式去解决问题，并善待情敌。这样，不仅能够挽救你的爱情，也会显得你宽容大度。当然，也不能因为太过善待对方而忽略了善待自己，如果没有坚定立场，而又没有巧妙的方法来解决问题的话，同样是保护不了自己的婚姻的。所以，必要的时候，要为自己和对方长远的利益着想，采用一些无情的手段来对付对方。毫无原则地善待情敌，就等于混淆了是非黑白，引狼入室。还记得农夫与蛇的故事吗？姑息纵容更多的是会带来严重的后果，只会让你的婚姻不断滑向深渊。

懂得用各种手段来维护自己的婚姻。在万不得已的时候用最直接的方式警告对方，不要怕撕破脸皮，有时候撕破脸皮就是为了以后能够以更好的态度互相面对。其实，经过岁月的磨砺，对方最终也会发现你这样做的正确性，也会明白你的苦心。婚姻是你自己的，维护和拯救全在自己，所以，要牢牢地把握住主动权，这才是面对情敌威胁婚姻时候的正确态度。

05 学会顺其自然

一个假日午后，一位母亲带着一家大小到山上赏花。天气分外晴朗，赏花的人好像比山上的花还要多。人影在花丛中攒动，有照相的，有吃东西的，有谈天说地的，信步走着，看在眼里真有趣。

女儿在前头蹦蹦跳跳地开道，太阳照着满山的樱花、杜鹃，照着来往穿梭着的赏花的人流，让人不由得感叹生活的美好。

不知何时，女儿扯住妈妈的衣袖，不停地摇动，她的另一只小手指着一丛红艳的杜鹃，说："妈妈，为什么那个花不香？"

母亲愣了一下，但随意答道："哪个花？哦！这是好看的，不太香。"

她不服气也不满意地撅起小嘴说："花都应该是香的嘛！"

回家之后，女儿的声音缭绕在母亲心头，久久不散：花都应该香嘛！究竟这有没有道理？我们不是也常想：男人都该是伟岸君子，女人该是贤妻良母吗？这又对不对呢？

坐下来，环视满庭花草，静静地想一想：花和草长了一院子，可是杜鹃、山茶、桂花、百合、太阳花、兰花……没有一样是跟别的花草相同的，它们都各有特色。看见迎春花便可以嗅到早春的气息；看见石榴花便知是五月榴花照眼明；桂花和红叶捎来秋意；苍松和腊梅象征寒冬。

如果我们顺着自然去要求，那么一定可以心满意足。可是，若要在夏天赏梅，春天看红叶，也许会让人大失所望。人是自然的产物，也和大自然中其他生物一样各具特色，这个人适合统领三军，那个人精于舞文弄墨，各有天赋，各有使命。

人若能知道植物花草的特长，加以妥善运用，不仅能使环境增辉，更能美化生活，增添情趣。人若能像顺应花草的自然天性一样去发挥自己的能力和体力，不在自己力所不能及的事情上强出头，就能营造自己理想中的生活，展现自己理想中的自我。当然每个人都渴望拥有理想的生活，但一般人都会觉得主要问题在于生活太过紧张，让人总觉得生活充满十万火急的紧急情况，似乎一周不工作90小时以上，就做不完应该做的事，甚至觉得会比别人少得到什么。

大多数家庭妇女也会感到人生的困惑，她们经常抱怨："除非这房子里只剩我一人，否则它永远都干净不起来！"面对家常琐事，她们表现得过于紧张，从早到晚忙得腰酸背疼，却总有做不完的事——买菜、煮饭、洗碗、洗衣、打扫房间、带孩子……似有一支无形的手枪指着自己的后脑，一个声音命令道："立即收拾好每一个碗碟，折好每一块毛巾……"她们总是暗示自己：情况紧急，必须立即做完每一件事！她们经常责怪家人不主动分担家务，却不考虑他们一天工作后的疲劳。

其实，有许多事情完全没有必要立即做，完全可以放到明天再做。而且某些事情也许并不适合你做，那么你完全可以将它忽略掉，给自己一点松弛，应该学会轻松地享受生活。世上本无事，庸人自扰之。顺其自然，是可贵的人生哲学，是一种心境，是寻求生命的平衡，是一种生活态度，是一种对生活的感悟，是一种洒脱的心态，一种豁达的人生。当你学会了从容平静地度日，顺应自然并顺应天性，不去勉强别人，也不强求自己，你会发现事情不照自己的计划进行，地球照样转，生活也照样继续。

06 该争吵时要争吵

在生活中，争吵随处可见，但是会争吵的人并不多，吵来吵去，甚至搞不清楚吵的是什么。生活中需要适当地争吵。

对于绝大多数夫妻来说，一辈子不吵架是不可能的事。但同样是吵架，有的越吵感情越牢固，有的却只能以分手收场。其中的区别就在于你是否真正掌握了吵架的艺术。“夫妻吵架”这门学问，是不少现代人需要学习的“必修课”。

其实，争吵是最直接的沟通。争吵对于正常的人与人之间的关系是必不可少的。没有争吵，关系就不会健康地发展。关系越密切，争吵也就变得越为重要。千万不要把争吵当作坏习气压制下去。这样的话，矛盾依然存在，而且会随着时间的推移使人与人之间的关系变得不正常。

吵架是一种健康的夫妻关系。它就像一次次激烈的商业谈判，其目的是为了寻求妥协，说明夫妻双方还把对方意见当回事。

但吵架也分为“善意”和“恶意”两种。恶意的争吵就像在泥潭中的格斗，引起争吵的问题往往被搁置一旁，争吵的人只是为互相攻击，其结果只能是两败俱伤、精疲力竭。善意的争吵是围绕着问题的焦点，遵循着一定的规则把话讲出来。下面是几条提示，它们被证明在争吵过程中是很值得遵循的。

1.公平地争吵。

注意不要给对方造成心灵的创伤。每一个人心理上有一条防线，对别人的攻击是不能超过这一界限的，否则只会使矛盾更加激化、让人歇斯底里。当然也有一部分人异常敏感，总觉得自己受到了伤害。这一类人需要学会容忍别人的攻击，增强心理承受能力。

2.诚恳地争吵。

应该把自己的缺点表现出来并同时尊重别人。伙伴之间的争吵不像拳击赛那样有不同的重量级别。如果强者想用简单粗暴的方法把弱者吓唬住，那么这样的争吵决不会有好的结果。在善意的争吵中根本不存在着“胜利者”和“失败者”。

3.不要为私生活争吵。

私生活与争吵是水火不相容的。私生活问题虽然应公正的解决，但却要十分小心地进行商谈。为私生活争吵只会暴露双方最丑陋的一面。

4.有目标地争吵。

每一次争吵都应有一个目标，也就是说要解决特定的问题。一切都应围绕着这个目标进行，不要牵涉太多，去算陈年老账。在争吵中即使没有达到意见统一，也一定要阐明各自的观点。

5.要有现实态度。

为陈年老账争吵是没有丝毫意义的。善意争吵的起因永远是现实问题，是当时、当地发生的问题。

需要补充的是，在争吵中要尽量避免使用不恰当的语句，例如：“这简直是胡说八道！”如果他真是在“胡说八道”，那你还有什么必要同他继续争下去呢?

另外，还要避免使用“没有一次”、“总是”等这一类词。例如说：“你没有一次准时回家！”或“你总是最后一个完成工作！”这两句话表达的都不可能是事实。这样的话只能激怒别人，导致双方心存不满，使矛盾加深。

恰到好处的争吵是一门艺术，是生活的一部分。不管你愿意还是不愿意，在人的一生中争吵是免不了的。人们要学会去驾驭它，使它为自己的生活服务。

07 婚姻幸福的心态选择

婚姻是爱情发展的必然结果，而家庭又是承载婚姻和爱情的唯一“机构”。家庭是幸福的港湾、快乐的源泉，是永不停航的爱之船。家庭是爱情和婚姻的社会表现形式，爱情能促进婚姻的牢固，而婚姻和家庭反过来会使爱情更加稳固、长久。

埃斯顿和劳迪已经结婚10年了，但他们的感情却宛若新婚，令周围的朋友羡慕不已。埃斯顿在工作之余总是主动地分担家务，忙碌之后，两个人总是互诉衷情：埃斯顿非常感激劳迪给了他想要的生活；劳迪也无限憧憬能换到一所大房子里住，那样她将更幸福。

劳迪的无心之语成了埃斯顿的心病。他跟自己的好朋友利兹聊天时说出了心中的渴望：想买一所大房子送给劳迪，作为结婚10年的礼物。

“那你还等什么呢？” 利兹问。埃斯顿沉思着回答：“我还没有存够这笔钱。” 利兹马上回答：“我们周围有很多人生活得不开心，因为他们不知道自己想要什么。你知道你想要什么，没存够钱又有什么关系呢？你有没有试着多走一些路呢？” 利兹的话启发了埃斯顿，他立即行动起来。

一个多月之后，利兹被邀参加埃斯顿夫妇的10年婚庆。当他按照地址找到埃斯顿夫妇的新家时，劳迪迎上来兴奋地说：“我想做的第一件事就是感谢你。”

看到利兹的不解，埃斯顿解释说：“我听了你的话，多走了一些路，买了这所新房子。”利兹仍在疑惑地摇头，埃斯顿接着说，“你应该知道，我的存款很有限，而这个房产的价值超过了50万元。但我多走路的结果是：不但得到了新房子，而且住在新家的费用比住在旧家的费用还要少些。”

“这是为什么呢？” 利兹忍不住问。

“是这样，我抵押了旧房子得到资金，然后买下两层房间，当然在财产上它相当于一所房子。然后再将其中的一层租出去，租金足以偿付整个房产的分期付款。”

故事并不惊人，一个家庭买了两套房，出租一套，自己住另一套，这是很普通的事情。但它却有力地说明了：如果你想获得你想要的东西，就要积极准备，一旦看准了目标就立即行动，并且要勇于“多走些路”。

如果你有值得追求的目标，你只需找出达到这个目标的一个理由就行了，而不要去找出你不能达到这个目标的几百个理由。你的思想决定你的心态，你的心态也就决定了你的目标是否能够实现。

对大多数人而言，拥有豪宅、名车和挚爱的伴侣是世间最让人羡慕的事情。事实上，吸引人的东西之所以吸引人，它的对象不光是对它充满了渴望的人，而是对于所有的人它都会有一种心理撩拨的作用。婚姻是双方长相厮守的承诺，但许多时候，各种机缘巧合，会有一位非常迷人的异性进入我们的视线或生活，这个时候就需要你有足够的智慧去分辨这样的目标会不会是一个危机四伏的诱惑。

有一部好莱坞大片叫做《桃色交易》，片中讲述的是一对年轻夫妇的爱情故事。这对夫妇本是令人羡慕的一对，男的英俊潇洒，女的温柔漂亮，他们都受过良好的教育，有着不错的职业，两人非常恩爱，为了小家庭而努力工作。然而天有不测风云，经济大萧条来了，他们先后失业，一个月后，也将失去他们分期付款的房子。

就在此时，一位亿万富豪闯入了他们的生活，这位富豪风度翩翩，优雅迷人，他对貌美如花的女主人公一见钟情，提出愿出100万元来与她共度一个良宵。起初，这对夫妇毫不犹豫地拒绝了他，但随后却陷入巨大的矛盾之中。就一夜，即可彻底摆脱目前所有的困境；而且在婚前又不是没有过别的约会……最后女主人公去了富豪的游艇……

但在这一夜后，两人无论如何也找不回原来恩爱的感觉，再没有从前的默契，心里都有一种失落感。是女人为家庭做出了牺牲还是没有经受住诱惑？答案已经无法深究。两人分手了，那100万元也没有带来他们渴望的喜悦。当然，影片的结尾是两人经过一番波折后，又重归于好，因为他们仍然深爱着对方。

这种“桃色交易”虽然只是电影中的一个故事而已，但不可否认的是，现实生活中我们也会有在毫无预料的情况下经受婚姻围城之外诱惑的考验。我们彼此深爱着对方，但却有位新的异性吸引了我们的目光。这种吸引是否正常？是否道德？应该说，这种吸引是正常人的正常反应。吸引毕竟只是一种心理上的反应，它使我们产生了一种对美好事物追求的幻想。但千万不能随便把这种幻想当成可以达到的目标而不顾一切地追求，这种追求是盲目的不负责任的，尤其是在婚姻感情方面，因为一时的情绪冲动而做出有违社会道德的事，是非常愚蠢的。结婚是一种事实，但是它不会使我们深藏的人性完全隐匿起来，对于美的追求，对于刺激的向往都是随时可能发生的事情。

很多人会因为看到自己喜欢的电影、喜欢的明星而感到兴奋，但是大多数人绝对不会为享受这种情欲的幻想而毁了自己幸福的婚姻。作为婚姻的另一方，也应该对这种情绪的产生有所准备。毕竟我们每个人不可能同时具备那些吸引人的所有要素，所以当自己的妻子或者丈夫产生这种幻想的时候，我们不要过于气愤和紧张，不要过度地干涉，而要充分相信自己，相信对方的理性，相信共同的感情基础。

世间流传着这样一个传说，即在很早以前男女是合体的，但是由于某种原因触犯了上天的神灵，被天雷劈成了两半。所以人的一生都在寻找他（她）的另一半，尽管路途遥远而艰辛，尽管有的人找到了，有的人没有找到。电影和电视剧也常顺着这个思路不断地重复相同的情节：有个特别的人在这个世界上的某个地方正在等着自己，当我们遇到这个冥冥之中注定要和我们在一起的人时，毕生的幸福就会降临在自己身上。当我们和这个人结合在一起的时候，我们不仅彼此深爱着对方，而且会忘了别人的存在，无视别人的魅力。

这是一个多么幼稚的想法和逻辑啊！美丽动人的女人，英俊潇洒的男士都或多或少地会在我们心中激起一丝异样的感觉。只是人是有理性的动物，应该考虑自己的责任和做人的原则，不应像飞蛾扑火一样，为了一时的冲动，就可以做出不计后果的事来。你可以“恨不相逢未嫁时”，留下一份美丽的遗憾，恢复你正常的生活；你可以把他（她）当作偶尔投影在你心波的云彩，珍藏那一美丽的瞬间，潇洒地挥手走人。当然，你也有权利重新选择，进行家庭的重新组合。面对婚外的诱惑你做好准备了吗？如果做好了准备，那么，就去寻找属于自己的幸福。如果没有做好准备，那么你最好放弃，因为几乎所有的婚外恋都以悲剧收场，而且受伤的总是女人。

客观的诱惑是存在的，盲目的逃避是一种胆怯，频繁的追求是一种放纵。对爱要有一个正确的心态，要正视自己的婚姻，对自己及他人负责任。

08 婚姻生活，不要在沉默中度过

夫妻之间有不同的看法没关系，如果能够很好地沟通，就能互相适应，相处得和谐、融洽。夫妻沟通有三个好处：

其一，让对方知道一些自己的事情，两个人共享或面对所发生的事情。

其二，一起探讨处理事情的办法。

其三，夫妻间的沟通还有一个好处，就是随时让对方明白你对他的感情，把你的欣赏、喜爱与专情用语言表达出来。

其实，有时候感情上的表达并不是只有口头语言这一种，用表情、动作或其他非语言也可以表达。但是，有时候直接称赞自己的配偶以表示爱慕也是很重要的。

很多人错误地认为，夫妻之间用不着说什么对方就应该明白，就能心领神会。其实越是自己人越需要交流，表明想法，分享感受。

两人缺少交流与两人的性格有关。有的人天生不擅长用语言来表达自己的内心感受，再加上害羞，没信心坚持自己的见解。特别是两人性格反差太大的情况下，性格弱的刚开始说话就被对方压住，时间一长就不愿开口表达意见了。还有的夫妻每当对方一开口就批评和指责，马上变成带有硝烟味的争论，堵塞了沟通的渠道，这常常与夫妻沟通混乱有关。

夫妻关系应该是成人对成人的平等的关系，互相尊重，能理智地讨论问题。

一对夫妻在讨论吃什么饭时，丈夫问妻子："今天晚饭吃点什么？"妻子回答："吃肯德基吧，你不是也说过想尝尝它的味道吗？"这是一次相互以成人意识对成人意识的交往，丈夫的话是探索性的，也体现了对妻子的意见和喜好的尊重。妻子的回答把丈夫的愿望和自己的意图统一了起来，既坦率地表达了自己的观点，也表达了对丈夫的体贴，丈夫过去说过的话妻子是记在心上的。这种交往是成功的，它对双方良好的关系起着积极的作用。

相反，如果两个人在讨论时用指责代替尊重，语气尖刻而不是缓和，那么讨论性的对话会演变成争吵。

比如，早晨起床时，丈夫问妻子："看见我的蓝色衬衣了吗？"妻子回答："你呀，衣服总是乱扔，东西在哪儿都不知道。"

丈夫的话是试探性的，但妻子并不回答他的疑问，只是指责，以父母的意识指向丈夫，是不成功的交往。

如果妻子首先告诉丈夫他的衬衣在什么地方，或表示愿意帮他寻找，或说她现在正忙着做某件事情，过一会儿帮他找，说声“对不起”一类的，那么妻子的反应也就同样是以成人意识对成人意识了。

如果想要指出对方的不足，并要对方纠正时，首先要对对方的感受表示理解，如：“我知道你很累，但是你是否能够把自己的衣服放在固定地方呢？”

不要把对其他的事情的不满一起说出来，不能说：“你这个人就是一贯如此，你老是这样。”

表达感受的目的在于解决问题，不是想吵架。在表示不满的同时，要提出你对下一步的建议，如：“你回家晚了也不打电话，家里人很不放心，下次最好能事先通知家里一声。”把埋怨变成希望。

不要提高嗓音，不用挖苦讽刺的语气，更不要一脸愤怒，用手指着对方。

如果你把心里话向对方坦白了，对方生气了，态度很不好，你不要把球“踢回去”。别以为忍让就是自己吃了亏，过后他会后悔的。待他冷静下来后，你再平静地与他交谈也不晚。当一个人大吼的时候，另一个人就应该静听，因为当两个人都大吼的时候，就没有沟通可言了。有的只是噪音和震动，你无法赢得争论。十之八九，争论的结果会使双方比以前更相信自己是绝对正确的。

夫妻之间过多的争论只会伤害感情。你指责对方，假使你指责的是对的，但是这种指责往往伤了对方的心，而你还是错了。

夫妻之间，最好不要指责。要多赞扬，多建议，把埋怨变成希望。唠叨为婚姻挖掘坟墓，批评令人心碎。

生活中有句话“平平淡淡才是真”，这得到了许多人的认同。可是你想过吗，如果你尝试改变一下，你的生活就会焕发新的生机。

许多夫妻将婚姻看得过于严肃，日子过得十分刻板。像对待工作那样严肃地对待婚姻，过于认真反而成了婚后的精神负担。

要为自己创造条件，挤出些时间，放下烦心的事，去做喜欢做的事情。比如：出外散散步，休息日去公园玩玩，晚上共进烛光晚餐。

做些你的配偶意想不到并且能显示出你一直惦记对方的事情。曾有一位妇女记住了这样一件事儿：一个春天的早晨，她醒来时发现床头有一朵鲜艳的玫瑰花。这是她丈夫起大早为她采来的，这是他们花园里开放的第一朵玫瑰花。

许多夫妻婚前曾在一起开怀大笑，但婚后这笑声却越来越少了，他们忽视了欢笑可以重新充实夫妻之爱。其实夫妻可以记住白天听到的有趣的事儿、小笑话，晚上讲给对方听。经常在一起分享笑话的夫妻，在一起持久生活的可能性更大，因为幽默能使人快乐。

有暗示意味的戏谑性语言能超越时间，唤起某些感人的事情。亲切的戏谑具有动人的力量，可以增进夫妻感情。伴随着亲切地抚爱，激情地拥抱，夫妻间用幽默的语言说出“我仍深爱着你”，比用平常的语言表达要好得多。

婚后的性生活陷入“例行公事”或程式化状态的可能性很大，这也是个最难改变的事情。性生活的情趣是多种多样的，惬意的性生活不总是刻板的，动人的爱抚，涉及性方面的含蓄的谈吐，也能增进心理愉悦。

夫妻生活不能在沉默中度过，不然会感到婚姻生活单调、乏味、麻木。把情趣带进婚姻，你会觉得生活变得妙不可言。

夫妻双方要互相珍爱，在这个基点上，再大的问题也不会成为问题。也就是说，只有在爱的基础上才可以讲一些沟通技巧。

做个推销员一直是罗勃·杜培雷的梦想。一次，他得到了一个推销保险的机会，开始招揽保险，但是结果并不如他原来想象的那样。不管他是多么的努力，事情都没有好转的迹象。他开始有点失落——对如何卖出保险，内心没有丝毫头绪，继而紧张痛苦，最后他觉得必须辞职以免精神崩溃。“我心中充满着失败感，看不到任何希望。”他说。

一次次唤起他的信心，使他坚持下来取得成功的是他的太太桃丽丝。她一直在鼓励着丈夫：“下一次你将会成功。”并不断地告诉丈夫：“不要担心，罗勃。我知道你有办法成为一个成功的推销员。”

罗勃在一家工厂里找到工作的时候，桃丽丝也是这样。罗勃这样说：“桃丽丝不断地赞美我的美好气质，并且指出我具有适于推销工作的天赋——甚至连我自己都不知道我有的才华。如果不是她持续不停地鼓励，我可能已经放弃再试一次的想法了。桃丽丝不愿意我放弃，她一次次地告诉我：‘你具有这种能力，只要你努力就能办到！’我怎能违背她这么深切的信任？她成功地让我感受到她对我的信心。我离开工厂而回到推销工作上，这一次我信任自己了，因为我身旁有了信徒。”

有了这样的妻子，丈夫在干事业时还能不信心十足吗？她们总是在鼓励着丈夫去试一试，再坚持一下，她们不会让丈夫承认自己没有能力。即使在失败的时候，她们也会适当地鼓舞她们的丈夫，消除他们的失败感，然后把他们送回到充满梦想的机遇竞争中去。

别人对丈夫的印象如何，往往反映在妻子对丈夫的态度上。一位商场经理曾给一位经销商打电话，询问有关电器冷却系统的问题。经销商的妻子接了他的电话，告诉这位经理一些事情，接着这位妻子又说：“当然，对于冷却系统，我的丈夫是个真正的专家。如果你愿意让我安排一下，让他到府上看看，他就可以向你推荐一种你所需要的送风机机型。我只能猜猜看，但是他却了解。”

当这位男士来到那位经理家时，经理早因为他妻子对他的信任和评价而相信他了。

对于男人来说，赞美就像燃料对于引擎那么有用。它可以使男人的引擎继续发动，精神上不断充电，将失败感转化为对成功的强烈愿望。当运气不佳——遭受严重的打击时，妻子要抚慰他们："别放在心上。""像这样的事情是难不住你的。""我知道你一定会使问题圆满解决的！"那么事情的发展就会完全不一样。

《圣经》里这样说过：信心是大家都希望得到的东西，是我们所看不到的东西的佐证。这就是具有积极心态的妻子们对她们丈夫的一种信任。她们能用一种宽容、博大的视觉，看出潜藏在丈夫身上的特质。她们用眼睛去看，用自己的内心去感受、去爱，用语言去鼓励、支持丈夫的信心，用自己的行为表达对丈夫的赞美。

赞美男人，给他一颗温柔心，给他一份好心情，也给他一份自信，你会惊奇地发现，赞美声中，冷漠的男人会变得温柔，平庸的男人会气度不凡。

09 要读懂你的另一半

在当今这样充满竞争的社会里，夫妻之间好像少了沟通和交流，每天都忙着各自的工作。累了一天，回家还要做家务，忙着教育孩子，这样的生活自然而然就少了在一起交流的时间。生活可以练就一个人，环境可以改变一个人，时间久了，因为缺少沟通和交流，就会为夫妻之间埋下互相猜疑与不满。

一个朋友说过这样的话，一个人有的时候不是为了自己而活，也不是自己能左右得了的，也许说得有道理，既然能走在一起，生活在一起就是老天的眷顾，就是前世的缘分，夫妻之间要好好珍惜，互相沟通互相理解，生活才能和谐美满。

男人要读懂你的女人。女人如水，水有它温柔、滋养、透明、清澈的一面，然而水有时也会因小溪淤泥而堵塞，也有它不畅快的时候，水有时也会汹涌澎湃。

女人更要理解自己的男人。男人如泥，而泥并非土的代名词，土与水的结合方称之为泥，男人骨子里就有女人的成分。泥更易于干燥，甚至爆裂，而当泥干燥来临的时候，你会给它水的滋润么？当泥爆裂时你会理解么？男人如山，山可以依靠，可以背风，但山也需要爱护，需要培植，山上的林没了，山上的树光了，山上的绿色植被不见了，那山还会靠得住么？男人如伞，伞可以挡雨，伞可以遮光，然而遮光挡雨的伞要举到恰到好处的位置才可以起到作用。

一个男人厌倦了他每天出门工作而他的老婆却整天待在家里。他希望老婆能明白他每天是如何在外打拼的。于是他祷告祈求："全能的主啊，我每天在外工作整整8小时，而我的老婆却仅仅是待在屋里，我要让她知道我，我是怎么过的，求你让我和她的躯体调换一天吧！阿门！"无限智慧的主满足了他的愿望。

第二天一早他醒来，当然是作为一个女人。他起床为他的另一半准备早点，叫醒孩子们，为他们穿上校服，喂早餐，装好他们的午餐，然后开车送他们去学校，回到家，他挑出需要干洗的衣物，送到干洗店，回来的路上还顺路去了趟银行，然后去超市采购，回到家，放下东西，要缴清账单、结算支票本。

当他打扫了猫盒，给狗洗完澡，已经是下午1点了。他匆匆忙忙地整理床铺，洗衣服，给地毯吸尘，除尘，清扫，擦洗厨房的地板。3点钟，他冲往学校去接孩子们，回来的路上还同他们争论了一番。他准备好点心和牛奶，督促孩子们做功课，然后架起烫衣板，一边忙着一边看电视。

4点半的时候，他开始削土豆，清洗蔬菜做沙拉，给猪排沾上面包屑，剥开那些新鲜的豆子，准备晚餐。吃完晚饭，他开始收拾厨房，打开洗碗机，接着叠好洗干净的衣物，给孩子们洗澡，送他们上床。

晚上9点，他已经撑不住了，然而，他的每日例行工作还没结束。他爬上床，在那里还有人期待着他，他必须，而且不能有任何抱怨。

第二天一早，他一醒来就跪在床边，向主祈求："主啊，我真不知道自己是怎样想的，我怎么会傻到嫉妒我老婆能成天待在家里？求你，哦！求求你，让我们换回来吧！"

无限智慧的主回答他："我的孩子，我想你已经吃到苦头了，我会很高兴让一切恢复原来的样子。但是……你不得不再等上9个月，昨晚，你怀孕了……"

居家过日子，谁都会有摩擦，没有摩擦，就失去了生活的动力，而这种摩擦都是为了自己的生活会更好。有些人就不理解，如果你对自己的爱人都不信任，这样的家庭也就失去了温馨和幸福，换来的就是吵架生气，不严重的就是夫妻间的冷战，严重的是最后分手。所以，夫妻之间多一些理解，多一些快乐，多一些包容，这样的生活才会有价值！